科技探索·第一视野

KEJI
TANSUO
DIYI
SHIYE

ZHIWU ZHONG DE AOMI

王建 编著

最新鲜的百科知识
最酷炫的探秘信息
前所未有的想象力激发方式

植物中的奥秘

ZUI XINXIAN DE BAIKE ZHISHI
ZUI KUXUAN DE TANMI XINXI
QIANSUOWEIYOU DE XIANGXIANGLI JIFA FANGSHI

中国出版集团
现代出版社

图书在版编目（CIP）数据

植物中的奥秘 / 王建编著 . — 北京：
现代出版社，2012. 12（2024.1）
ISBN 978 – 7 – 5143 – 0773 – 3

Ⅰ . ①植… Ⅱ . ①王… Ⅲ . ①植物 – 青年读物②植物
– 少年读物 Ⅳ . ① Q94 – 49

中国版本图书馆 CIP 数据核字（2012）第 285341 号

植物中的奥秘

编　　著	王　建
责任编辑	张桂玲
出版发行	现代出版社
地　　址	北京市安定门外安华里 504 号
邮政编码	100011
电　　话	010 – 64267325　010 – 64245264（兼传真）
网　　址	www. 1980xd. com
电子信箱	xiandai@ vip. sina. com
印　　刷	三河市人民印务有限公司
开　　本	710mm × 1000mm　1/16
印　　张	14. 5
版　　次	2012 年 12 月第 1 版　2024 年 1 月第 9 次印刷
书　　号	ISBN 978 – 7 – 5143 – 0773 – 3
定　　价	59. 80 元

前言

PREFACE

植物中的奥秘

走进植物的王国，你的第一个疑问可能就是：植物是从哪里来的？正如追问人类的起源一样。

其实，世界上的第一粒种子并不是上帝赐给我们的，它是由非生命物质演化而成的。到了30多亿年前，地球上出现了细胞。又过了大约20亿年，细胞有了完整的细胞核。在6亿多年前，地球上出现了藻类植物。又经过了2亿多年，地球上发生了一次巨变，许多水生植物被迫进入了沼泽。植物为了生存，慢慢适应了陆地生活，于是有了最早登陆的水生植物。裸蕨是最原始的陆生植物。又过了一段时间，有些植物变成用孢子繁殖，孢子植物出现了。后来，有些植物出现了雌雄有别的两种孢子，雌孢子和雄孢子结合就发育成了种子。世界上的第一粒种子终于诞生了。

作为一种生命形式，植物在漫长的进化过程中不断地发展变化，为了更好地适应生存环境，它们不断地改变自己的一切。当走进这个五彩缤纷的植物王国后，你会发现每种植物都有自己的独特之处。有些植物能帮人类找到石油，有些植物的根偏偏长在土壤外面，有些植物会捉虫子；植物竟然也有血型，有些植物还能发光，不同植物都有自己喜爱的音乐，不同植物之间也会互相残杀，等等。

植物的这些特点可能是你闻所未闻的哦！想跟我一起去植物王国探秘吗？翻开这本有趣的小书，探秘旅程就开始了！本书分为四部分：植物的形态结构探秘、植物的生活探秘、植物的生存探秘、植物的繁殖探秘。

目录 CONTENTS

植物中的奥秘

ZHIWU ZHONG DE AOMI

植物的形态结构探秘

植物的生活探秘

植物的繁殖探秘

植物的形态结构探秘

ZHIWU ZHONG DE AOMI

植物的形态千变万化。在植物的世界里，有变态的茎，有千奇百怪的根，有多变的形和色，有难辨的动植物；还有最毒、最孤单的植物，有光棍树、巨人蕨，还有无花果等等。凡此种种，都是植物为了生存而适应外界环境的结果。

低等植物

藻类、菌类和地衣类植物合称低等植物。它们形态上无根、茎、叶分化，又称原植体植物；构造上一般无组织分化，有单细胞生殖器官，合子离开母体后发育，不形成胚，故又称无胚植物。

◎藻类植物

藻类植物含叶绿素或其他光合色素，独立生活。根据植物体的形态，细胞壁的组成物质，色素体的形态和主要色素的种类，繁殖方式以及贮藏物质等的不同分为6门。

（1）绿藻门：多生于淡水，少数生于海水，陆生者多分布于阴湿环境。植物体多种多样，有单细胞的，单细胞群体的，多细胞丝状体而不分枝的，多细胞丝状体而分枝的。此外还有膜状的或非细胞结构的。

（2）不等鞭毛藻门：生于淡水、土壤表面或土壤中。植物体的形态和组成与绿藻门相同。不等鞭毛藻的细胞壁通常是果胶质或含有硅质，丝状体者含纤维素。色素体盘状，含叶黄素比叶绿素多，故呈黄绿色。淀粉核1个，常裸露无淀粉包被或无淀粉核。贮藏物质是脂肪和麦白蛋白。多数种类每个细胞中只有1个细胞核。游动孢子有不等长的鞭毛有2条。

（3）硅藻门：生于淡水及海水中，一般是单细胞或单细胞的群体。硅藻的细胞壁由硅质和果胶质组成，果胶层常相黏结，形成群体。壁分两瓣套合，盖合的一瓣称为上壳，被盖合的一瓣称为下壳，瓣的上面称为瓣面，瓣面上有左右对称或辐射对称的花纹，两瓣的侧面，套合成双层的部分称为带面。有的硅藻，两瓣面的中部各有一条裂缝，称为脊，脊的两端和中央各有一环状增厚部分，称为节。细胞中仅含一细胞核。色素体的形状和数目随种类而不同，含叶黄素、胡萝卜素、叶绿素和藻黄素，故呈黄褐色、绿色或蓝色。

基本小知识

果胶质

果胶质是构成高等植物细胞质的物质，并使相邻近的细胞壁相连。天然的果胶质又称为原果胶。天然果胶质的主要组成是由D－半乳糖醛酸以β－1.4糖苷键相连形成的直链高分子化合物，其中大部分羧基已形成甲基酯，而不含甲基酯的称为果胶酸。

（4）褐藻门：多数生长于较寒冷的海水中。褐藻门植物体是藻类中分化最复杂和体形最大的种类。高级的种类体形上有类似根、茎、叶的分化形态，内部结构有同化、贮藏、机械和分生细胞的初步分化；低级的种类有分枝的丝状体或片状体。有时植物体上有或大或小的囊状物，里面贮有气体，所以称为气囊。褐藻主要含褐色的褐藻素，也含有叶黄素、胡萝卜素和叶绿素，故通常呈褐色。色素体的形状不规则。不含淀粉核。光合作用产物有单糖类和多糖类。游动孢子具不等长侧生的鞭毛有2条。

（5）红藻门：生长于海水中，其植物的外形和内部构造似褐藻，也有类似的分化，但植物体较小。同一植物有三种植物体：孢子体、雌配子体和雄配子体，三种植物体在外形上没有什么区别。

红藻主要含有藻红素和叶绿素，也含有藻蓝素、胡萝卜素和叶黄素，因而很多种类呈红色。光合产物为红藻淀粉，一般散生在原生质里或呈颗粒状，无淀粉核，无着生鞭毛的游动孢子。

（6）蓝藻门：生于淡水、海水及陆地上，其植物体简单，最复杂的是没有分化的丝状体。不产生游动孢子。

蓝藻的细胞壁由纤维素层和果胶质层组成，果胶层很厚，常呈鞘状套于植物体表。核质集成一团而无核膜、色素散主在细胞质里，除了含叶绿素外，还含有蓝色的藻青素和少量的藻红素，故一般呈蓝绿色。光合产物是肝糖和多糖类。

◎菌类植物

菌类植物体的营养细胞内无叶绿素及其他光合色素，一般营寄生或腐生生活，也有兼营寄生和腐生的种类。寄生就是从活的有机体中获得营养物质，腐生就是从有机体的残骸上获得营养物质。菌类植物共分 3 门：细菌门、黏菌门和真菌门。

基本小知识

光合色素

光合色素是在光合作用中参与吸收、传递光能或引起原初光化学反应的色素。光合色素存在于叶绿体基粒，包含叶绿素、反应中心色素和辅助色素。

（1）细菌门：分布很广，是一群低等的、微小的单细胞植物，单独生存，有时成群体（菌落）存在，没有明显的细胞核。不含叶绿素，少数种类合有其他色素，大多营寄生或腐生生活。

（2）黏菌门：黏菌的营养体是裸露的原生质体，称为变形体。变形体通常是不规则的网状，直径大者可达数厘米，灰色、黄色、红色或其他颜色，无叶绿素，内含多数细胞核。由于原生质的流动，因而能蠕行在附着物上，并能吞食固体食物。变形体也有感光作用，平时移向避光的一面，繁殖时移向光亮的地方。黏菌营养体的结构，行动和摄食方式与原生动物相似，其繁殖方式又与植物相同，故黏菌兼有动物和植物的特性。除少数寄生在种子植物上外，其余都是腐生。

（3）真菌门：多数种类营养体的构造为分枝或不分枝的丝状体，每一条丝称为菌丝，组成一个植物体所有的菌丝称为菌丝体。高级的种类菌丝体在有性繁殖时形成各种子实体，如常见的银耳、菌灵芝、蘑菇等都是子实体。

◎ 地衣类植物

地衣类植物只有 1 门：地衣门。

地衣门是植物界中最特殊的类型，是菌类和藻类的共生体。共生体由藻类光合作用制造营养物质供给全体，而菌类主要吸收水分和无机盐。植物体主要由菌丝体组成，以子囊菌最多；藻类多分布在表面以下的一至数层，以绿藻或蓝藻为多。

高等植物

苔藓植物、蕨类植物和种子植物合称高等植物。它们形态上有根、茎、叶分化，又称茎叶体植物；构造上有组织分化，多细胞生殖器官，合子在母体内发育成胚，故又称有胚植物。

◎苔藓植物门

苔藓植物门通常分为苔纲和藓纲两纲，种类约 23000 种，遍布世界各地，多数生长在阴湿的环境中，如林下土壤表面、树木枝干上、沼泽地带和水溪旁、墙角背阴处等，尤以森林地区生长繁茂，常聚集成片。我国约有 2800 种苔藓植物。

知识小链接

维管束

维管束是维管植物（蕨类植物、裸子植物和被子植物）的叶和幼茎等器官中，由初生木质部和初生韧皮部共同组成的束状结构。维管束彼此交织连接，构成初生植物体输导水分，无机盐及有机物质的一种输导系统——维管系统，并兼有支持植物体的作用。

苔藓植物体矮小，一般高仅数厘米，虽有根、茎、叶的分化，但其根是由单细胞或多细胞构成的假根，茎与叶分化虽明显，但仅有输导细胞的分化，而无维管束及中柱。其生活周期中配子体占优势。有性世代的植物体称为配子体，就是我们所见的具有假根、茎、叶的植物体。在配子体上形成藏卵器或藏精器，在藏卵器中产生雌配子（卵），在藏精器中产生雄配子（精子），精子具有鞭毛，能游动于水中。由于此时期的植物体产生配子，故此植物体称为配子体，称这一世代为有性世代。

无性世代的孢子体由受精卵经胚发育而成。孢子体由孢蒴、蒴柄及足三部分组成，足伸入配子体中吸收营养物质，蒴柄连结足与孢蒴部分起支持作用，孢蒴内由孢子母细胞经减数分裂和一次普通分裂形成孢子。由于无性世代的植物体产生孢子，故称为孢子体，孢子落入土壤中萌发成原丝体再长成新的配子体。

◎ 蕨类植物门

蕨类植物大多为土生、石生或附生，少数为湿生或水生。它们喜阴湿温暖的环境，高山、平原、森林、草地、溪沟、岩隙和沼泽中，都有蕨类植物生活，尤以热带、亚热带地区种类繁多。现存蕨类植物 12000 种，广泛分布在世界各地。我国约有 2400 种，主要分布在长江以南各省区市。

蕨类植物的生活对外界环境条件的反应具有高度的敏感性，不少种类可作为指示植物。如卷柏、石韦、铁线蕨是钙质土的指示植物，狗脊、芒萁、石松等是酸性土的指示植物，桫椤与地耳蕨属的生长指示热带和亚热带的气候。蕨类植物枝叶青翠，形态奇特优雅，常在庭院、温室栽培或制作成盆景，具有较高的观赏价值。

知识小链接

铁线蕨

铁线蕨是多年生常绿草本植物，又名铁丝草、少女的发丝、铁线草、水猪毛土。其淡绿色薄质叶片搭配着乌黑光亮的叶柄，显得格外优雅飘逸。高 0.1 ~ 0.5 米，因其茎细长且颜色似铁丝，故名铁线蕨。铁线蕨也是钙质土的指示物。

◎ 种子植物门

种子植物门是植物界中进化最好和最繁茂的类群。具有更为发达的孢子体，以种子繁殖。植物类型有乔木、灌木、木质藤本、草本等，根、茎和叶都很发达。其内部构造有更完善的输导束，由管胞演化成导管，由筛细胞演化成筛管并具有伴胞，中柱为真正中柱或散生中柱。

种子是裸子植物和被子植物特有的繁殖体，它由胚珠经过传粉受精形成。种子一般由种皮、胚和胚乳三部分组成，有的植物成熟的种子只有种皮和胚两部分。种子的形成使幼小的孢子体枣胚得到母体的保护，并像哺乳动物的胎儿那样得到充足的养料。种子还有种种适于传播或抵抗不良条件的结构，为植物的种族延续创造了良好的条件。所以在植物的系统发育过程中，种子植物能够代替蕨类植物取得优势地位。它们的种子与人类生活关系密切，除日常生活必需的粮、油、棉外，一些药用物（如杏仁）、调味（如胡椒）、饮料（如咖啡、可可）等都来自种子。

世界上第一粒种子是怎样诞生的

世界上第一粒种子并非上帝赐给人类的恩惠，它的形成是由非生命物质氮、氢、氧、碳四大元素演化而成。60亿年前，地球上存在的元素包括以上四种，伴随着环境的变化，不断地进行着化合、分解等各种化学演化。到了30多亿年前，地球上才出现了细胞。又经历了大约20亿年，细胞才具有完整的细胞核。在三四亿年前，藻类环境发生了变化，地球表面出现了陆地。裸蕨是最原始的陆生植物，随着植物的不断进化，它们的繁殖也形成

你知道吗

孢　子

孢子是生物所产生的一种有繁殖或休眠作用的细胞，能直接发育成新个体。孢子一般微小，单细胞。由于它的性状不同，发生过程和结构的差异而有种种名称。生物通过无性生殖产生的孢子叫“无性孢子”，如分生孢子、孢囊孢子等；通过有性生殖产生的孢子叫“有性孢子”，如接合孢子、卵孢子等；直接由营养细胞通过细胞壁加厚和积贮养料而能抵抗不良环境条件的孢子叫“厚垣孢子”、“休眠孢子”等。

了特殊的器官，过了一段时间，有些植物变成用孢子繁殖，孢子植物开始是不分雌雄。后来，有些植物出现了大小不同、雌雄有别的两种孢子，雌孢子和雄孢子结合，就发育成种子。世界上的第一粒种子就是这样诞生的。

种子的寿命

种子也有寿命吗？种子能够维持生命的时间，保持发芽力的年限就是种子的寿命。

植物的一生开始于种子，种子是植物的生命基础。当我们在鉴定某一种植物或某一种栽培作物的种子时，不只是看籽实是不是饱满、发育是不是正常、有没有病虫害，还常常关心种子的寿命和实用年限。

从野外采集回来的，或从田间收获来的种子，大多数都要经过一段时间的“休眠”，当然种子必须是干燥的。但各种不同的种子“休息”的时间长短大不一样。有的种子，如果处在适宜的条件下，譬如氧气充足，温度、湿度都合适，它们就会很快地脱离“休眠”状态，转成旺盛的生命活动状态，胚开始萌发、发育，很快就生出一株新的小植物。但是，也有一些植物的种子，或因种皮太厚（如苜蓿种子），或因胚未完全成熟（如人参种子），或因需要有一个后熟作用（如果树），它们即使处在适宜的环境中，仍不能解除“休眠”状态，不能发芽。那么，种子要“休眠”多久呢？这个“休眠”期，便是种子的寿命。

大量事实证明，种子的寿命与植物的种类、生存环境和贮藏的条件大有关系。有人收集了多种作物的种子，把它们干燥后，放在一个布袋里，吊在室内，每年定期取出少量种子做发芽试验。长期的实验观察表明，大多数栽培作物种子的寿命为3—5年，少数超过10年以上。至于野生植物种子的寿命，相差更大，最短的只有几个小时，长的竟达几十年，甚至上百年。到目前为止，寿命最长的要算莲花的种子了。

种子的寿命为什么这样长短不一、相差悬殊呢？这是因为它们的生存环境和种子结构不同。热带植物种子的寿命短些，寒带植物种子的寿命长些，这是由于外界的环境与条件——温度和湿度综合影响的结果。长寿命的种子，常常具有一层坚硬的、既不易透水、又不易透气的种皮，使种子在缺水、缺氧的情况下被迫处于“休眠”状态。短寿命的种子往往是本身具有足够的水分，种皮很薄，在高温、高湿和氧气充足的情况下，种子内部的新陈代谢进行得非常旺盛，短期间就消耗了大量养分，因而就丧失了生命力。

此外，种子的寿命还与它本身的含水量、贮藏条件有很大关系。在干燥、低温的条件下保存种子，寿命就能延长；在潮湿、高温条件下，种子就会较早失去生活力。当水稻种子的含水量在 12% 以下时，进行密封保存，它的发芽力就能保持 4 年以上，如果含水量超过 14% 以上，两年半之后便完全失去了发芽力。

最长寿的种子

古莲子是科学家发现的最长寿的植物种子，能在沉睡千年后再发芽。

这种活了千年的古莲子是 1952 年我国科学工作者发现的。科学家从辽宁省新金县（今普兰店市）西泡子的洼地里 1 ~ 2 米深的泥炭层中，挖掘出这种古莲子。经中国科学院考古研究所的专家测定，这些古莲子的寿命为 830—1250 岁。

之后，科学家开展了一系列实验，企图使古莲子发芽。1953 年，他们将古莲子浸泡了 20 个月之久，却发不出芽来。后来，

拓展阅读

莲子芯的药用价值

莲子芯属睡莲科植物，莲的成熟种子中的干燥幼叶及胚根，性寒、味苦、无毒，具有清心去热、涩精、止血、止咳等功效，可治疗心衰、休克、阳痿、心烦、口渴、吐血、遗精、目赤、肿痛等病症。

他们想出一个绝招，在古莲子的外壳钻上一个小洞，或者，将古莲子的两头磨短1～2 毫米，再进行培养，奇迹便出现了：96% 的千年古莲子竟抽出了嫩绿的芽子。

古莲子为什么能活千岁而不死呢？原来，古莲子的外面有一层硬壳，可以防止水分和空气的内渗和外泄。更奇巧的是，古莲子内有 1 个大约能贮存 0.2 立方毫米的小气室，这对维持古莲子的生命有决定性的作用。再加上古莲子内的含水量小，保藏古莲子的泥炭层里温度较低，一年四季气候变化不大。在这种干燥、低温、封闭的环境中，古莲子能悠然自得地过休眠生活，保持生命活力。

研究古莲子长寿的秘密，有很高的理论价值和实用价值。比如，模拟古莲子外壳的结构来设计粮仓，用以保存粮食和其他农作物，一定会显示出巨大的优越性。

神奇的地衣和苔藓

地衣和苔藓既没有高大的乔木那么引人注目，也没有争妍的花草那样艳丽多姿，但是在植物学家看来，地衣和苔藓都是大有研究和开发价值的宝贝，并且自古以来就被人们所认识。

紫色在古代就被人们认为是吉祥富贵的象征。人们也许知道，唐朝时的一、二、三品官服都要选用紫色，皇帝的诏书亦为紫色，可是你也许不知道，这些紫色染料其实就是从地衣中提炼制成的。在古代，许多文人墨客还为地衣、苔藓写下了不少脍炙人口的诗篇。李白的《长干行》中曾写道："门前迟行迹，一一生绿苔。苔深不能扫，落叶秋风早。"王维的《鹿柴》诗中有"反景入深林，复照青苔上"的句子。还有写得更形象的"丹庭斜草径，素壁点苔钱"、"苔痕上阶绿，草色入帘青"。唐代诗人岑参也写过"雨滋苔藓浸阶绿"的诗句。

在植物分类学中，苔藓属于高等植物，地衣属于低等植物。地衣是真菌和藻类共生的有机复合体，菌类吸收水分和无机盐供给藻类，而藻类则依靠自己的叶绿素，利用水、无机盐和空气中的二氧化碳制造各种有机物质，与菌类共享。

世界上共有地衣 400 属 18000 种，它是一种生命力很强的低等植物，寿命很长，对于生存条件要求也不高，并且能够忍受长期的水分缺乏。据资料表明，在英国的博物馆里，干放了 15 年之久的地衣，给它浇水之后竟然还能起死回生。地衣在 -200℃的超低温下不会被冻死，在 70℃的高温中也能存活。由于它的光合作用很弱，所以它们生长非常缓慢。另外，地衣对空气中的有毒气体特别敏感，空气中只要含有极少量的二氧化硫，它们就不能生存。因此，现今的大部分大工业城市附近已难以见到地衣生长了。

你知道吗

地　衣

地衣是真菌和光合生物之间稳定而又互利的联合体，真菌是主要成员。另一种定义把地衣看作是一类专化性的特殊真菌，在菌丝的包围下，与以水为还原剂的低等光合生物共生，并不同程度地形成多种特殊的原始生物体。传统定义把地衣看作是真菌与藻类共生的特殊低等植物。

苔藓植物是构造最简单的高等植物，它们大多数生活在潮湿的环境中。苔藓植物没有根，只有类似根毛的假根。它的主要作用不是吸收营养，而是在石崖、树皮、泥土的表面起一种固定和支撑身体的作用，因而，苔藓喜欢把家安在阴暗潮湿的地方。苔藓虽然是一类柔弱矮小的植物，但是高矮悬殊，高者可达几十厘米，矮的必须在放大镜下才能看见。新西兰巨藓是世界上发现的最高大的苔藓，高达 50 厘米；另一种叫似夭命藓，其茎长不及 0.3 毫米，由于个体小，往往附生在热带雨林中乔灌木的叶子上面，一片小树叶上可生长几十甚至几万株苔藓。这种罕见的叶附生现象，成为热带雨林的奇观。

苔藓植物种类繁多，世界上有 840 属 23000 种，我国有 2000 多种，分布范围也极广泛，在很多种子植物难以到达的地方，它们却能悠然自得地生活。苔藓能忍受严寒和高温，能忍受极度的干旱，并且人们发现苔藓在 55 米深的水中也能生长。

地衣和苔藓在森林中常形成潮湿地区广大的苔层，这种苔层中含有地衣分泌的地衣酸和苔藓分泌的苔藓酸，在它们的长期作用下，即使是坚硬的花岗石也会被腐蚀和溶解。加上它们死亡后遗体变为腐殖质，对土壤的形成、土壤的改良都有着巨大作用，为其他植物的滋生创造了最基本的条件。地衣和苔藓群集丛生，植株之间空隙很多，具有很强的吸水力。据测定，苔藓的吸水力通常相当于其体重的10～20倍，比脱脂棉的吸水力还要强1倍多。因此，地衣和苔藓不仅是改良土壤的“良医”，也是山区水土保持的忠实“保卫者”。

地衣和苔藓植物是战胜沼泽地的“英雄”。这些顽强的小生命，先是放开“肚皮”喝干沼泽地上的清水，然后用自己的遗体填平沼泽地上的坑凹，并且不断滋生新的地衣和苔藓，从边缘向沼泽地中心扩展，从而为许多草本和木本植物的生长铺平了道路，使许多泥泞的沼泽地变成了青翠茂密的森林。

地衣和苔藓是人类不可忽视的“绿色财富”。地衣不仅是动物的好饲料，而且因其营养丰富，还常常作为人类的佐食配料，有“天然美容食品”之称。冰岛人和以色列人都习惯吃这种地衣食品；我国生长有一种名贵的地衣——石耳，是著名山珍之一。地衣中有的可提取葡萄糖，有的可提取挥发油来制成香水。现代医学已证明，大约有28种苔藓具有很好的药用价值，能治肺病，可杀菌止血，提取抗癌的物质等等。国外还用地衣制取保健浴液，能润肤强身，很受欢迎。此外，苔藓还是一种灵敏的大气污染指示剂，人们可根据苔藓的颜色变化测定大气的受污染程度。

广角镜

石耳——名贵的地衣

石耳为地衣植物门植物，因其形似耳，并生长在悬崖峭壁阴湿石缝中而得名，体扁平，呈不规则圆形，上面褐色，背面被黑色绒毛。石耳含有高蛋白和多种微量元素，是营养价值较高的滋补食品，是一种稀有的名贵山珍。黄山的石耳被称“黄山三石”之一。我国南方、西南及陕南山区均产，为著名的“庐山三石”之一（另二石为石鸡、石鱼）。

地衣和苔藓在林业中是一种宝贵的指示植物。森林的类型不同，地衣和苔藓的种类和结构也有所不同，假如某地区的森林被烧毁，我们可通过遗留下来的苔藓植物来判定原有的森林类型和植被状况。

植物万紫千红的秘密

阳春桃李盛开，盛夏娇荷满池，晚秋百菊争艳，严冬红梅斗寒，绚丽多姿的花儿使自然界特别美妙动人。每当春回大地，万物萌动，放眼望去，黄色的迎春花、浅红色的樱花、粉红色的桃花、紫红色的紫荆，无不纷纷绽放。

自然界万紫千红、绚烂多姿的秘密在哪儿呢？这是由于它们的细胞里存在着一批色素的缘故。叶子里含有大量的叶绿素，所以使得大批叶子都呈现绿色，春天来到以后，大地就呈现绿油油的一片了。

大地回春之时，百花开放，万紫千红，因为花瓣里含有一种叫作“花青素”的色素。它遇到酸性物质就变成红色，遇到碱性物质就变成蓝色。由于酸、碱浓度不同，所以花呈现的颜色深浅也不一样，有的浓些，有的淡些。

有些花、果实的颜色是黄的、橙黄的，这是由于花中含有另一种色素“胡萝卜素”所导致的结果。胡萝卜素最初是在胡萝卜里发现的，共有60多种，所以叫作胡萝卜素。它和极淡的花青素配合，就变成橙色。含有胡萝卜素的花、果实能变得五彩斑斓，这完全是花青素和其他色素的化合及花青素含量的多少所造成的。

你知道吗

花青素

花青素又称花色素，是自然界一类广泛存在于植物中的水溶性天然色素，属类黄酮化合物，也是植物花瓣中的主要呈色物质，水果、蔬菜、花卉等五彩缤纷的颜色大部分与之有关。花青素存在于植物细胞的液泡中，可由叶绿素转化而来。

白花是花里含有白色素而呈现白色吗？其实，白色花中什么色素也没有。它之所以呈现白色，是由于花瓣里充满了小气泡的缘故。如果你拿一朵白色的鲜花来，用手捏一捏花瓣，把里面的小气泡挤掉，它就变成无色透明的了。

各种花果的颜色像“变色龙”一样不断地发生变化。杏花在含苞待放时是红色，开放以后逐渐变淡，最后完全变成了白色。这看起来似乎很神秘，其实是花瓣里的色素随着温度和酸、碱浓度的变化而变化的结果。还有一些花，在受精以后改变颜色。如海桐花，本来是白色的，受精以后就变成黄色了。这也是色素变化的结果。

奇妙的“绿色工厂”

叶子是植物制造有机物的地方。现在，我们就来参观一下叶子的结构，看看这座“绿色工厂”。

一般叶子都分表皮层、叶肉和叶脉三个部分。在显微镜下可以看到，叶子的上下表面有很多小孔，叫作气孔。“工厂”里的一种主要原料——空气中的二氧化碳，就是从这里运进来的。

上、下表皮间有许多圆柱形或椭圆形细胞，组成叶肉组织。在叶肉组织中有许多绿色的颗粒，叫作叶绿体。叶绿体中含有叶绿素，是把叶子变成绿色的染料。叶绿体的体积很小，大约只有一粒米的万分之一，是制造有机物质养活全人类的“合成车间”。

叶脉就是我们常说的叶子上的“筋”，它是植物叶子和植物体其他部分取得联系，输送水分、养料和有机物的交通要道，中间一条粗的叫作主脉，两边的叫侧脉。

当金色的阳光照耀到叶子上，奇妙的“绿色工厂”便开始紧张地工作了。先是土壤里的水被根吸收，经过茎干传到叶子的叶脉，再由叶脉渗透封叶肉细胞中。另一原料——空气中的二氧化碳，不断地通过叶子表皮层的气孔钻到叶子里面，溶解在水中，然后进入叶肉细胞。叶绿素吸收阳光以后，变得非常活跃，把土壤中吸收来的水分解为氢和氧两种物质，氧气是“绿色工厂”的第一种产品，形成后便跑到空气中去，以补充空气中氧气的损失，发挥其净化空气的作用。叶绿素抓住剩下来的氢，又从空气中吸收大量的二氧化碳，经过一系列转化过程，于是出现了糖——葡萄糖，有机物便产生了。不久，糖又变成了淀粉和其他物质。同氧气一样，这些东西也是“绿色工厂”的主要产品。

绿色植物的叶子在太阳光的照射下，把空气中的二氧化碳和土壤中的水分转化为有机物（主要是淀粉），同时释放生物所必需的氧气，这就是人们通常说的“光合作用”。

光合作用不仅可以制造出淀粉，还能制造蛋白质、脂肪等物质。在制造这些有机物时，除了用水和二氧化碳以外，有时还需要无机盐。植物的绿叶所制造的有机养料是人类生存的主要食物，所以称它为奇妙的“绿色工厂”。

基本小知识

无机盐

无机盐即无机化合物中的盐类，旧称矿物质，在生物细胞内一般只占鲜重的1%～1.5%，目前人体已经发现20余种，其中大量元素有钙Ca、磷P、钾K、硫S、钠Na、氯Cl、镁Mg，微量元素有铁Fe、锌Zn、硒Se、钼Mo、氟F、铬Cr、钴Co、碘I等。

花儿结构的秘密

植物的花真是千差万别，形形色色。有些花很简单，有些花却复杂；有些花开的时候，形状是扁平的，有些花则全是些长长的管子。花有红的、黄的、蓝的……尽管它们表面上可能很不一样，但它们却在很多方面有着共同之处。

所有植物的花都是生殖器官，无论差别有多大，最基本的结构都是相同的。现在以经常见到的桃花为例来说明花儿的构造。

细细观察，桃花的下面生有短柄，叫花柄。花柄的上面有个杯状的结构，叫花托。花托最外面五个绿色的小瓣片叫作萼片，组成花萼，包着未开的花蕾，起子保护作用。花蕾里面有五片粉红色的花瓣组成的花冠，它的作用是招蜂引蝶。花萼和花冠合称花被。里面有很多一条一条棒状的东西，那是雌蕊，线状的叫花丝，顶端那个带黄色的小球叫花药，是制造花粉的小工厂。花中央有个长颈瓶状的东西是雄蕊，下面膨大的部分将变成果实，里面的胚珠发育成种子，植物学上叫作子房。子房顶上有个棒状的东西叫花柱，它的末端膨大叫作柱头，雄蕊所产生的花粉掉在柱头上，萌发以后，植物雌雄交配的受精过程就开始了。

一朵花里既有雄蕊又有雌蕊的叫两性花，像稻、麦、棉花、大豆、苹果的花大都是两性花。有些植物，像玉米、黄瓜、杨树、柳树、大麻、菠菜等，在一朵花里只有雄蕊，或者只有雌蕊的花叫单性花。玉米、黄瓜的雌花和雄花生在同一个植株上，这叫雌雄同株。大麻、菠菜的雌花和雄花，分别生在不同的植株上，叫作雌雄异株。

棉花和莲花，都是单独一朵生在茎的顶端，这叫单生花。多数植物的花是很多的花按照一定的次序生在花轴上，组成花序。花序的种类很多，最有趣的要算向日葵的那只大花盆了，一般人常常把它当成一朵花，它的花轴缩短肥厚，顶端平展，聚生了很多无柄的小花，花轴的外缘茎部则由簇生苞片组成总苞，整个样子是一头状花序。

同一种花里既有雄蕊又有雌蕊，自己的花粉授予自己的柱头，这是多么方便啊！稻、麦和棉花等高等植物，都是用这种简便的方式来生育后代，这就叫作自花授粉植物。

然而，很多植物都不喜欢这种授粉方式。因为同一株植物的雄性细胞和雌性细胞遗传性是一样的，所生的后代适应环境的能力不强，生活能力比较弱，在自然界很容易被淘汰。只有那些花的结构既可避免自花传粉，又能有效地进行异花传粉的植物，才能世世代代健壮地生存下去。花的千变万化和各种精致巧妙的结构就是为了达到这种目的而产生的。

知识小链接

花　序

被子植物的花，有的是单独一朵生在茎枝顶上或叶腋部位，称单顶花或单生花，如玉兰、牡丹、芍药、莲、桃等。但大多数植物的花，密集或稀疏地按一定排列顺序，着生在特殊的总花柄上。花在总花柄上有规律的排列方式称为花序。

植物的全息现象

在物理学上，全息的概念是明白易懂的。例如，一根磁棒将它折成几段，每根棒段的南北极特性依然不变，每个小段与它原来的整根棒全息。但是，“生物全息”的概念，可能还未被人们熟知。所谓“生物全息”，就是生物体每个相对独立的部分，在化学组成模式上与整体相同，是整体的成比例地缩小。

植物的全息现象，在大自然中，已从形态、生物化学和遗传学等方面找到了论证的实例。你注意过马路边的棕榈树吗？它的一片叶子，由蒲扇似的叶片和长长的叶柄组成，仔细观察一下叶子的整个外形，当把它竖在地上与全株外形相比时，就会发现，它们的外形是多么的一致，只是比例的大小不同而已。一个梨子，它的外形与它的整棵树形吻合。叶脉分布形式与植株分枝形式也全息相关，如芦苇、小麦等具平行叶脉的植物，它们都是从茎的基部或下部分枝，

拓展阅读

全息现象

生物全息现象是指无论是能直接看见的，或是不能直接看见的，生物体局部包含着整体全部信息的现象，这是一种普遍的规律，叫作生物的全息性。

主茎基本无分枝；相反，叶脉为网状的植物，则它们的分枝多呈网状。在植物的生化组成上，也有明显的全息现象。例如，高粱一片叶上的氰酸分布形式与整个植株的分布形式相同。在整个植株上，上部的叶含氰酸较多，下部的叶含氰酸较少；在一片叶上，也是上部含量较多，下部含量较少。

更有趣的是，当进行植物离体培养时，人们也发现了植物的全息现象。若将百合的鳞片经消毒用来离体培养，发现在鳞片的基部较易诱导产生小鳞茎，即使把鳞片从上到下切成数段，同样发现小鳞茎的发生都是在每个离植段基部首先产生，且每段鳞片上诱导产生小鳞茎的数量，遵循由下至上递减的规律。这种诱导产生小鳞茎的特性与整株生芽特性相一致，呈全息对应的关系。在植物组织培养过程中，以大蒜的蒜瓣、甜叶菊、花叶芋和彩叶草等多种植物叶片为外植体，进行同样的试验观察时，都能见到这种全息现象。

拓展阅读

全息生物学

上世纪80年代，我国山东大学生物系张颖清教授在研究了大量的生物现象和生物学事实的基础上，提出了全息胚的概念，创立了全息胚学说，并以此为中心创立了全息生物学。全息生物学中“全息”的内涵是非常丰富的，借助其中的某些观点来观察及认识生物体和生物现象，可以产生新的认识，形成新的生物观。

植物全息的规律应用于农作物的生产实践，已产生了惊人效果，例如马铃薯的栽种，习惯以块茎上的芽眼挖下做“种子”。但有史以来，人们并没有考虑到块茎上芽眼之间的遗传势差异。根据植物全息的原理，想来这些芽眼之间必定会有特性的区别。马铃薯在全株的下部结块茎，对于全息对应的块茎来说，它的下部（远基端）芽眼结块茎的特性也一定较强。于是，为了证实上述的想法，科学家做了系统的试验，分别以“蛇皮粉”、“同薯8号”、“跃进”、“68红”和“621X岷15”等5个马铃薯品种的块茎为材料，将它们的芽眼切块分成远基端芽眼和近基端芽眼两组，进行种植比较试验。实验结果，以 5 个品种远基端芽眼切块制种生产时，各个品种都增产，平均增产达 19.2%。

人们在长期的生产实践中，个别的生产措施，也是符合生物全息规律的，只不过未意识到这点罢了。例如，我国不少地区种植玉米的农民，他们在留种时，习惯把玉米棒上中间（或偏下）的籽粒留下作种，而把两端的籽粒去除，确保玉米的年年丰收。这种玉米籽粒的留种方法是符合生物全息规律的。因为玉米棒子是在植株的中间或偏下部分着生的，而作为植株对应全息的玉米棒，其中间（或偏下）着生的籽粒，在遗传上也有一定的优势。经试验，以这种方法制种，的确可以增产 35.47%。

全息生物学观点的提出，虽然只有短短的几年，但已引起不少人的强烈兴趣。目前，植物全息现象的观察研究，正如火如荼地进行着，无数未解之谜还有待人们去揭开。

树干圆柱形之谜

只要你平常对周围的树木稍加注意就会知道，不同种类的树木的树冠、叶子、果实的形状多种多样，几乎不可能找出它们的共同形状来。有时就是在同一种类中也有很大的差异。可是，当你把视线转移到树干和枝条上去时，马上就会发现：几乎所有树干都是圆的。奇怪！树干为什么大都是圆柱形的，而不是别的形状呢？为什么形形色色的树木在这一点上能够“统一”起来呢？

先让我们来看一看圆柱形的树干到底有哪些好处吧。

几何学告诉我们，同样的周长，圆的面积比其他任何形状的

挺拔的树干

面积要来得大。因此，如果有同样数量的材料，希望做成容积最大的东西，显然，圆形是最合适的形状了。怪不得人们把用以输送煤气的煤气管，用以输送自来水的水管，都做成圆管状的，实际上这是对自然现象的一种仿造。其次，圆柱形有最大的支持力。树木高大的树冠，它的重量全靠一根主干支持，有些丰产的果树结果时，树上还要挂上成百上千斤的果实，如果不是强有力的树干支持，哪能吃得消呢？树木结果的年龄往往比较迟，有些果树如核桃、银杏等，常需要生长十多年，甚至几十年才开始结第一次果实。在这一段漫长的时间里，它们主要的任务，就是建造自己的躯体，这需要耗费大量的养分，如果不是采用消耗材料最省而功能最大的结构，就会造成浪费，使结果年龄推迟，树木本身繁衍后代的时间也拉长了，这对树木来说是不利的。再说，圆柱形结构的树干对防止外来伤害也有许多好处。树干如果是正方形、或是长方形、或是圆以外的其他形状，那么，它们必定存在着棱角和平面。有棱角的存在是最容易被动物啃掉，也极容易摩擦碰伤。假如树干是四方的，可以想象它就容易被耕畜或其他机械损伤。我们知道，树木的皮层是树木输送营养物质的通道，皮层一旦中断，树木就要死亡。而四方茎干遭害的机会又这么多，岂不危险吗？如果树干是圆柱形的，就是机械碰伤或摩擦损伤了树皮，也可能只是局部地方。

另外，树木是多年生植物，在它的一生中不免要遭到风暴的袭击，由于树干是圆柱形的，所以，不管任何方向吹来的大风，很容易沿着圆面的切线方向掠过，受影响的就仅一小部分了。你可以设想，如果树干是具有平面的任何其他形状，那么受影响的就是整个平面了。一切生物都在进化的道路上前进着，树木躯体的特点也总是朝着对环境最有适应性的方向发展。树干的圆柱形可是对环境适应的结果。

你知道吗

银杏的食用价值

银杏果俗称白果，它由肉质外种皮、骨质中种皮、膜质内种皮、种仁组成。白果养生延年，银杏在宋代被列为皇家贡品。有祛痰、止咳、润肺、定喘等功效，但大量进食后可引起中毒。

千奇百怪的根

植物的茎往上生长，根扎向地里，这是人们所熟知的自然现象。我们从地里拔一棵大豆或小麦来看看它们的根，发现大豆有一条粗大的主根和许多较细的侧根，而小麦的根是胡须状的，叫作须根。这两类根在植物中是最常见的。

在自然界中还有许许多多稀奇古怪的根，有的悬空倒挂，有的朝天挺立，有的不劳而获，有的能够“爬行”，有的像块木板，有的像个水壶，有的……这些多种多样的根，称为变态根，它们的结构和功能也发生很大的变化，有时竟使你认不出它们也是植物的根了。

玉米是我们常见的一种作物，它跟小麦一样长了很多须根。夏天，走在玉米地里，可以发现玉米秆下部的节上向周围又伸出许多不定根，它们向下扎入土中。玉米的不定根长得非常结实粗壮，它们的厚壁组织很发达，能起到帮助玉米秆稳定直立的作用，所以也叫支持根。

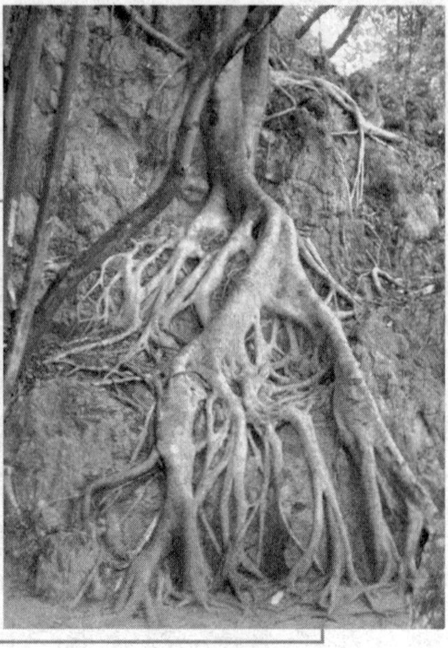

千奇百怪的树根

我们常见的普通根是朝下生长的，可是有的植物的根却朝天生长，叫作朝天根，也叫呼吸根。最典型的朝天根植物是生活在印度、马来西亚和我国海南岛沿岸的海桑树，在树干附近的地面上，能看到许多像竹笋一样的呼吸根。

这些呼吸根是从地下的根部长出来的。它们穿过淤泥，冒出地面，背地而长，根部露在空中，活像一根根扎入泥里的木柱子。呼吸根质地松软，顶端有孔，表面和内部的孔洞互相连通，便于通气。呼吸根内部的海绵状通气组织特别发达，不但可以吸收空气中的氧气，而且还能吸收大气中的水汽，即便长时间被海水淹没，它们也不至于因缺氧而憋死于淤泥之中，照样能继续生长发育。这种呼吸根还有很强的再生能力。

榕树生活在高温多雨的热带、亚热带地区，它的树干长了许多不定根，有的悬挂半空，有的已插入土中。这些不定根刚刚形成时，它们都在空中，也叫气生根，气生根与普通的地下根不同，没有根毛和根冠，它们悬在半空能够吸收湿热空气中的水分，也能进行呼吸。

还有一种奇怪的根，它会爬树或爬墙。也许有人会说，那不是爬山虎吗？错了。爬山虎爬墙，靠的不是根，而是卷须顶端的吸盘。靠根爬行的植物叫常春藤，它是一种常绿木质藤本，幼时生有无数气生根。翻开藤叶，在茎上长叶附近可见到一小丛一小丛的不定根，样子很像刷子。这种刷子状的幼根，能分泌胶水状的物质，它们就凭借这种黏性物质黏附在树干或墙壁上，当胶水样的物质干燥以后，这些不定根就紧紧地粘在树干或墙壁上。这种边粘边向上攀援，终于爬上树干或墙壁上的根，我们叫作攀缘根。

基本小知识

攀援根

攀援根是一种不定根，它通常从藤本植物的茎藤上长出，用它攀附于其他物体上，使细长柔弱的茎能领先其他物体向上生长，这类不定根称为攀援根，常见于木质藤本植物，如常春藤、凌霄。

菟丝子的寄生根很像一个个小小突起的“疖子”，它们伸入到寄主的茎、叶表皮里，甚至可以达到木质部和韧皮部。寄生根中的导管末端有一些小型细胞，这些细胞具有吸收功能，它们跟寄主茎、叶的输导组织巧妙地连接在一起，可以源源不断地“吮吸”寄主体内现成的养料，从而养活自己。因此，这种寄生根又称为吸器。更为奇怪的是，当寄主被菟丝子弄得接近死亡时，菟丝子的茎与茎之间常常互相缠绕，产生寄生根，从自身的其他枝上吸取养料，以供开花结实，产生种子的需要。

在稀奇古怪的根中，体型巨大的要算板状根了。热带雨林中的许多树木，主干高达 40～50 米以上，树干上下几乎一般粗细，树干茎部经常向四周长出大板子样的根来，这些板状根大得出奇，高达 3～4 米，最高的可达 8 米。这种板状根，如同电线杆周围架起的支柱，它们稳固地支撑着巨大的树干，使参天大树拔地而起，稳如泰山，所以又称为支持根。香龙眼、臭楝、麻楝树都具有板状根。

在印尼、印度等热带森林中，有一种植物叫大王状瓜子金，身上吊着很多“瓶子”，这些瓶子原来是它的一种变态叶子，叶柄长在瓶口处。每逢下雨时，雨水就从瓶口流入瓶内，所以，瓶子里经常盛有雨水。瓶口附近的叶柄上长了许多细细的不定根，它们伸入瓶中，吸收瓶子里的水分，供植物生活。所以，大王状瓜子全靠叶子来供水，可以生活在大树上。

在多种多样的变态根中，最常见的就是植物地下部分的贮藏根。贮藏根是植物贮存养料的“仓库”。萝卜、糖萝卜、胡萝卜、甘薯等都长有粗大的块状根，甘薯的块根是由不定根或侧根肥大而成，其余三者均由主根膨大而成。这些粗大的块根里，贮藏着大量的淀粉、糖类及其他营养物质，可供过冬后第二年植物生长的需要。

变态的茎

茎一般有下列特征：有节间、顶芽和侧芽；上面要长叶子，幼嫩的茎应为绿色，而且茎端的生长点裸露，不像根尖端有根冠。

尽管我们常常吃马铃薯，但有些人还不知道我们吃的是植物的茎，错认马铃薯的块茎是它的根。

仔细观察一下，马铃薯上确有茎的这些特征，不过由于长期适应地下生活，有的特征退化得不明显罢了。

马铃薯是茎。这些在地下生活的茎失去了绿色，变了形。它的末端膨大，内部形成层分裂的大细胞，充满了从地上部分运来的淀粉。这种退化的茎叫作块茎。这个块茎上同样有节间，不过节间极短。马铃薯暴露在阳光下也像它的地上茎一样显示绿色，那是阳光下块茎中出现了叶绿素。马铃薯也有顶芽，顶芽和马铃薯着生的部位恰好相对。“马铃薯茎”上原来的叶子早已退化，在腋芽旁边可以找到很早就自行脱落的无色鳞片，还留有叶痕。每个芽眼中有三个芽（有时还多），其中仅有一个芽可以发展成芽，其他两个都变成休眠芽。如果用一条线，由一个芽眼引向另一个芽眼，就可以获得特有的螺旋状的叶序。芽眼上能长出小枝。马铃薯的芽眼上生出的小枝还能向下长出不定根，这都是茎所具有的特点。

洋葱头也叫鳞茎，也是变态茎的一种。鳞茎也是一种大大缩短了的枝条，鳞茎的形状常为梨形的、卵形的和扁球形的。洋葱的茎，称为鳞片盘。许多下层的多片叶就着生在鳞茎盘上，这些叶层层相叠，好像鳞片，有时一个鳞片完全能把另一个鳞片包起来，有时又像房上的瓦一样错落相叠。

鳞茎和块茎都是变态的茎，但是它们的叶子可大不一样，马铃薯块茎都是小而干的鳞片状的退化叶，鳞茎的叶变成多汁的肉质叶。洋葱外部鳞片干燥的像皮肤一样的无营养的鳞片，起保护作用覆盖在外面，里面是多汁营养鳞片，它是这个变态枝条的下层叶形成的。

为什么洋葱的茎会成为如此特异的样子呢？为什么洋葱里面含有这么多的糖呢？（洋葱的鳞片中含糖高达6%）原来这是洋葱的生长条件决定的。

许多植物都有鳞片茎，如郁金香属、水仙属、百合属、石蒜属、大蒜等等。这些植物，许多都是沙漠和草原地带的植物。洋葱在沙漠中发芽生长，环境十分艰苦，又干又热，又常埋进风沙，所以种皮不易脱落。从种子中长出的小茎长时间被种皮包裹在沙土中，长出来的茎在表土上形成小弓一样的环。叶子肉质，多水多糖，可以抵御干旱。风沙又使它不得施展，它们就层层“拥抱”着那个伸展不开的小茎，簇集成一团。到了夏末，叶子开始枯萎，就呈现出层层鳞片。薄而紧密的鳞片能保护洋葱的整个生命整体，使它在一年内不致因热、旱而干枯，甚至把它放在热炉子旁边也不会干枯。

洋葱里含有很多杀菌素，把青蛙放在洋葱末的罐子里会很快死去。只要把洋葱放在嘴里咀嚼 3 分钟，它就可以把口腔中的一切细菌消灭干净。

在植物界，还有许多植物为了适应环境，在与自然斗争的过程中，形成了稀奇古怪的变态茎。

知识小链接

变态茎

由于功能改变引起的形态和结构都发生变化的茎。茎变态是一种可以稳定遗传的变异。变态茎仍保留着茎所特有的特征：如有节和节间的区别，节上生叶和芽，或节上能开花结果。可分为地上变态茎和地下变态茎两大类。

仙人掌生活在沙漠等干旱地带，由于长期干旱缺水，叶子退化成刺，而茎干变得肥厚粗大，茎干都变成绿色，可以代替叶子进行光合作用，这是叶状肉茎。

芦根和藕的茎很像竹鞭，看上去很像根，其实这是它们的茎，称为根状茎。它们长在地下，而且横向生长。

多变的叶形和叶色

叶子的形状多种多样，桃树叶是披针形，樱桃叶是椭圆形，马齿苋是匙状，椴树叶是心状。禾科作物，如玉米、高粱、水稻等的叶子都是线条状。松叶像针，柏叶像鳞，柳叶像眉毛，芭蕉叶像面旗。田旋花的叶像戟，新西兰亚麻叶似剑，灯芯草叶像锥，藜的叶子像长梭，而棕榈叶却像扇。葡萄叶茎部深深凹陷，蒲公英叶子有如莲座。有的叶子裂得简直像个手掌，有的叶子干脆变成了卷须。

叶子不仅形状不一，一个叶柄上长出的叶数也不同。只长一片叶的叫单叶，长二片、三片、五片叶的叫复叶。各种叶子在茎干上的着生位置有三种：有的相对而立，有的交错生长，有的围着茎节长了一轮。

除此之外，叶片的附属物也千变万化。欧洲白杨的叶柄很长，亚麻科有些植物竟然没长叶柄。刺苍耳在叶片基部有三个无色坚硬的刺，莴苣属在叶背主脉上却有直而锐利的刚毛，蓼有叶鞘。禾本科有叶舌，叶舌使得叶向外弯，可以使叶片更好地接受阳光，这对植物生长有重大意义。禾本科因为有叶舌就把没叶舌的莎草科植物挤到沼泽地里去了。

在沼泽地和沙漠里生长的植物叶子变化最大，这是进化过程中，植物中的某些科适应了生存环境的结果。水生的泽泻科植物，一株上就有三种形态的叶。慈姑的水下叶好似一条带子，没有叶柄；在水面上漂浮着的叶子，却形如肾状；伸出水上的叶，大型的有如箭，还长着叶柄。旱地植物叶的主要特征是叶子变成鳞片，或者变成不能蒸腾的针刺状。

拓展阅读

慈　姑

淡水植物，约20种，广布全球。多年生，草本，生长于浅湖、池塘和溪流。叶似箭头，有肉质球茎，可食。花有3枚圆形花瓣。北美最常见种是宽叶慈姑，叶箭形至禾草状，被广泛引种以扩大禽类食源。

叶子大小也不一样，热带棕榈科植物的叶面积非常大，亚马孙棕榈的叶，长达22米，宽12米；酒棕榈的叶子长达15米。热带水生植物王莲的叶子，好像一个巨大的绿色的锅，它的表面可以托住一个两三岁的孩子。最小的柏树叶只有针那样一点点大。

叶子的颜色同叶形一样也是有着很大变化的。

大多数叶子是绿色，但也有其他颜色。譬如，红苋菜的叶子是红的，秋海棠的叶子是紫红色的，莴苣属的叶子是浅蓝绿色的，旱地的盐木属叶是浅灰色的。许多住在海底的植物，如海带、紫菜常常是褐色的。

每当白露横江、秋凉侵入之时，北京西山红叶与朝霞争美，有的红透鲜艳如血，有的发黄微闪金辉。黄栌、枫香、乌桕、枫树、黄连木、水杉、柿子树，尽染层林。这是因为秋天气温下降，叶绿素在叶中很快消失，黄色素与花青素就显露出来的缘故。

方形的植物

我们知道，一般植物的茎干都呈圆形，但也有少数植物的茎干是方形的。这些方形植物，有的是天然形成。比如，你到昆明世博园里去游玩，便会发现一种方形竹，那便是天然的。

在自然界，已发现了一些天然的方形树。在哈萨克斯坦的沙漠地带，发现了一种方形树，它树内的年轮是圆的；而中美洲巴拿马运河以北，有一种方形树，连树内的年轮也是方的。在澳大利亚发现了一种可变形的方形树，它在生长早期树形是圆的，生长中期变成方形，以后又会变成圆形。这些方形树让林业专家们思索，能否人工育成方形树种呢？因为在木材加工中，圆形树会产生三分之一的凸板，而方形树在加工中就很少浪费了。

广角镜

年　轮

年轮，指鱼类等生长过程中在鳞片、耳石、鳃盖骨和脊椎骨等上面所形成的特殊排列的年周期环状轮圈，也指树木在一年内生长所产生的一个层，它出现在横断面上好像一个（或几个）轮，围绕着过去产生的同样的一些轮。

方形树种没育成，植物学家却培育出人工方形树。日本有个植物学家，用四块板做成正方形长套管，套住正在生长的竹子。竹子被迫长成正方形。用这种方竹制成的笔筒、家具、拐杖，因形状独特，很受欢迎。

农学家们在培育方形植物方面已很有收获。日本农学家小野友行将圆形的小西瓜放在透明的塑料方盒中，长成方形的大西瓜，没有虫害，运输时排列整齐，没有缝隙，不会滚动。美国继培育出方形的西红柿后，又培育出方形的桃子。这些方形果蔬便于机械化采摘，在运输中又便于摆放，极具实用价值。

“人形”植物

野生人参主要产于我国吉林长白山地区，是十分珍贵的中药材，有“中药之王”的美称。人参是五加科多年生草本植物，地下有纺锤形的主根及须根，形似婴儿，被当地人称为“人参娃娃”。人参为何在地下长成人形呢？

在长白山茂密的森林中，人参的根在石块多的硬土地上顽强地向下生长。当人参的主根向下生长遇到阻力时，生长就很困难，于是被迫分叉，向下长出两条腿来。人参的头则是主根的上端与茎相连部分在特殊的生长条件下形成的。

人参的茎叶每年秋末枯萎，第二年春天再在根的上部发出新芽，长出新枝，这样，就在人参根的上部留下一道类似年轮的凹痕，凹痕上有一个眉眼和嘴巴形的凹形。年复一年，每年留下一个凹痕，便形成了人参根像人头的突起的“芦头”。有头有腿，人参娃娃便有模有样了。人们也根据“芦头”凹痕的多少，来确定人参的年龄。年龄越大的人参，药效自然越好。药用人参的主要品种有红参、生晒参、白参和糖参等。

李时珍在《本草纲目》中谈及人参根的药效，说可治男女一切虚症，发热自汗，眩晕头痛，反胃吐食，滑泻久痢，小便频数淋漓，劳倦内伤，中风、中暑，痿痹，吐血、嗽血、下血，血淋、血崩，胎前产后诸病，可谓药效大得很。

现代医学对人参的有效成分进行了全面分析，发现起主要治

你知道吗

红　参

红参是中药的一种，它是参的熟用品，有能大补元气，复脉固脱，益气摄血功效。红参用于体虚欲脱，肢冷脉微，气不摄血，崩漏下血，心力衰竭，心源性休克。

疗作用的成分是人参皂苷，而除了人参根外，人参花和人参叶中人参皂苷的含量分别是根的5倍和2倍，含量颇高。

彩色的植物

红花绿叶，是自然界中的一般景象。但是，在自然界中还有一些彩色植物，它们的叶片不是绿色的，而是五彩缤纷，可与花儿媲美。

你见过彩叶番薯吗？它的叶片形状同一般番薯叶差不多，但却色彩斑斓，叶面有紫红、乳白色的斑纹，十分柔和美丽。还有一种彩叶草，又叫五色草，茎是四棱形的，叶子颜色很多，有黄、绿、红、紫诸色，虽也开花，但花小，淡蓝紫色，不显眼，比叶子相形见绌。

叶子花更奇特。有“花瓣”3个，颜色鲜艳，有紫色、红色、橙黄色、白色等；“花蕊”也漂亮，有玫瑰红、淡绿、鹅黄等色。“花瓣”和“花蕊”组成了绚丽的花朵。其实，这“花瓣”是它的彩色叶片，“花蕊”才是花，难怪它的名字叫叶子花了。

有些彩色植物是人工造就的。日本大分县有个农业试验场，那里的技术人员发明了一种培育彩色树木的工艺。他们在树干上钻3个小孔，不断地注入染料，4个月后，树干全染上了颜色。用这种彩色木料做成的彩色家具，十分漂亮。

彩色玉米是苏联一个业余育种爱好者科斯托耶夫培育成功的。这种彩色玉米的玉米棒上，长着蓝色、红色和绿色的玉米粒，很受儿童的喜爱。

彩色蔬菜则是美国生物学家用基因工程技术培育成功的。如粉红色的卷心菜、金黄色的土豆、天蓝色的西红柿、紫色的豆荚、橘红色的白菜等，这些蔬菜五颜六色，摆上餐桌十分好看。

基本小知识

基因工程技术

基因工程技术是将重组对象的目的基因插入载体，拼接后转入新的宿主细胞，构建成工程菌（或细胞），实现遗传物质的重新组合，并使目的基因在工程菌内进行复制和表达的技术。

难辨动植物的冬虫夏草

我国从清朝开始，人们就用冬虫夏草来做滋补的药材，中医学上以干燥的冬虫夏草入药。它性温、味甘，补肺益胃，主治虚劳咳嗽痰血、气喘、腰痛和遗精等症。

冬虫夏草

冬虫夏草在我国西藏、青海、四川、云南、甘肃和贵州等地都有出产，它大都生长在海拔 3000 米以上的高山草甸上。

冬虫夏草也叫夏草冬虫或虫草，顾名思义，人们认为它冬天是虫，夏天是草；或者夏天是草，冬天是虫。虫与草截然不同，一个是动物，一个是植物，怎么能变来变去呢？

原来，冬虫夏草是虫与菌的结合体，是一种真菌类植物寄生在一类鳞翅目昆虫幼虫身上形成的。这类昆虫主要是一种叫作虫草蝙蛾的幼虫。而这种真菌跟青霉菌相类似，夏秋季节，当它的后代子囊孢子成熟散落后萌发成菌丝体，遇到栖息在土中的虫草蝠蛾的幼虫，便侵入幼虫体内，不断发展蔓延，逐步吸收虫体的养料为己有。

从冬季到夏季漫长的日子里，真菌菌丝体慢慢地把幼虫内部蚕食耗尽，直到最后，被真菌致死的幼虫只剩下一层外表皮，虫体变成僵壳，壳内包裹着的是严严实实的、含有大量养料的菌丝体，并已形成菌核。

第二年夏季，虫体僵壳内的菌核还能从幼虫头顶长出草，伸出僵虫体外的、中间肥两头尖的、细长的棒。棒上部膨大，表面长出一些小球体，里面又隐藏着许多冬虫夏草的后代。

拓展阅读

冬虫夏草的储存方法

储存关键在于防潮、防蛀和防虫，把虫草放进密封的玻璃瓶，里面再放一些花椒或丹皮，然后放置在冰箱中；如果需要保存半年以上，在储存冬虫夏草的地方旁边还要摆放干燥剂，以更好地防潮。一旦发现冬虫夏草受潮，应立即拿到太阳下曝晒。如果发现冬虫夏草已经长虫了，可拿到炭火旁稍加烘焙，然后筛去虫屑。

由此可见，冬虫夏草实质上可以说是在冬天寄生和蚕食了幼虫，到夏天来“结果”的一种真菌，它外壳是一条僵虫，里面实际上是一种真菌，应属于地地道道的植物。

“染”红海水的蓝藻

绿藻使池水变绿，这是常见的现象，但蓝藻能把海水“染”红，却很新鲜。大家都知道，在亚、非两大洲之间，有个狭长的红海。红海何以得名？难道海水真是红色的吗？原来，海水里生长着一种蓝藻，这种藻含较多的红色素，使藻体呈现红色。这样，当它们大量繁殖时，就把那碧蓝透绿的海水“染”成红色。世界上有名的红海就是这样得名的。英国的一个古战场上，阵亡将士纪念碑前常“血迹斑斑”，人们以为这是阵亡将士在“显灵”。其实，这只不过是蓝藻的红色素玩的一个把戏而已。

蓝藻是世界上已发现的最古老的植物。地质学家们在南非的谢巴金矿地层中，发现了一种距今已有30多亿年历史的蓝藻类化石。这种古代蓝藻的模样同现代的蓝球藻差不多。蓝藻具有植物的最基本特征：能用自身拥有的叶绿素进行光合作用制造养分，独立繁殖，不依靠其他生物独立生活。

蓝藻是藻类植物中的一大类型。根据蓝藻化石，科学家推测，最古老、最原始的植物——藻类，是所有植物的祖先，出现在30多亿年前。至今，古代蓝藻的子孙仍然广泛地生活在自然界里，是繁殖力最强的水生植物之一。海水中，淡水中，冰天雪地里，高温的泉水中，岩石上，到处有它们的踪迹。

蓝藻的种类很多，全世界有2000多种。它们的生存能力很强，能在高达89℃的温泉水中生活。科学家研究了蓝藻的特殊结构，发现其细胞内的物质特殊，凝固点高于89℃。

蓝藻对自然界的贡献很大。蓝藻中有100多种属于固氮蓝藻，能利用空气中的游离氮素，制造氮素化合物。据估计，地球上的固氮蓝藻每年可从空气中固定纯氮1000万吨左右，相当于5000万吨硫酸铵所含的氮素。

知识小链接

蓝　藻

蓝藻是原核生物，又叫蓝绿藻蓝细菌；大多数蓝藻的细胞壁外面有胶质衣，因此又叫黏藻。在所有藻类生物中，蓝藻是最简单、最原始的一种。蓝藻是单细胞生物，没有细胞核，但细胞中央含有核物质，通常呈颗粒状或网状，染色质和色素均匀地分布在细胞质中。

病菌造就的植物——茭白

茭白炒肉片、清蒸茭白，茭白是我们中国人爱吃的蔬菜。你可知道，在我国唐代以前，属禾本科多年生水生草本作物的茭白原是一种粮食作物，称为“菰”，它的种子叫菰米或雕胡，是六谷之一，谁也没想到将它做蔬菜栽培。

科学家发现有些茭白因感染一种后来称之为菰黑粉菌的病菌而不能抽穗结子，但植株本身并无病象，茎部则不断膨胀起来，逐渐形成纺锤形的肉质茎。有人将这种肉质茎采下来，当蔬菜烹调，清脆化渣，味道还不错。

于是，人们就设法繁殖这种病态的肉质茎。这种肉质茎不能开花抽穗结籽了。好在植物可以无性繁殖，不用种子，用植株栽培即可。他们将采收茭白后留下的老墩上的黄叶齐水面割去，让其萌发新株，然后挖出老墩，将其劈成几个小墩栽培。

这样，人们逐渐抛弃了种植粮食作物菰，改种蔬菜作物茭白。人们不仅栽培茭白，而且不忘栽培那造就了茭白的病菌。如果一时疏忽，病菌在栽培的小墩上消失，茭白正常地抽穗、开花、结实了，菜农一定会认为这是异常现象，是种的退化，赶紧拔除这野生种。其实，这才是“正常化”呢。

你知道吗

克　隆

克隆是指生物体通过体细胞进行的无性繁殖，以及由无性繁殖形成的基因型完全相同的后代个体组成的种群。通常是利用生物技术由无性生殖产生与原个体有完全相同基因组织后代的过程。

茭白，是中国人民独创的一种蔬菜。目前，只有中国和越南有种植，别的国家还尚未发现。

油棕为什么被称为“世界油王”

油棕的形态很像椰子，因此又名“油椰子”，它的故乡在西部非洲。100多年前，它一直默默无闻地生长在热带雨林中。直到20世纪初，才被人们发现和重视，如今已是世界“绿色油库”中的一颗明星，成了名符其实 的“摇钱树”。油棕是世界上单位面积产量最高的一种木本油料植物。一般亩产棕油200千克左右，比花生产油量高五六倍，是大豆产油量的近10倍，因此有“世界油王”之称。

油棕属棕榈科，常绿直立乔木，高达10米，树径30厘米，树干有宿存的叶基。叶长3~6米，簇生茎顶，裂片带状披针形，约50~60对，羽状叶片。花单性，雌雄同株，肉穗花序，四季开花，花果并存，相映成趣。核果卵形或倒卵形，每个大穗结果1000~3000个，聚合成球状。最大的果实重达20千克，果肉、果仁在15千克以上，含油率在60%左右。从油棕果实榨出的油叫作棕油，由棕仁榨出的油称为棕仁油，都是优质的食用油。它们还可精制成高级奶油、巧克力糖，代替可可脂、冰激凌用油等，在工业上可制造优质香皂等。果壳可提炼醋酸、甲醛，制活性炭、纤维板。棕油饼可作饲料。花序成熟后，流出的液汁还可以酿酒。油棕树的经济寿命有20—25年之久。我国的海南、两广、台湾、福建、云南等省区都有引种。

基本小知识

棕榈科

棕榈科又称槟榔科，棕榈目只有这一科，目前已知有202属，大约2800余种。该科植物一般都是单干直立，不分枝，叶大，集中在树干顶部，多为掌状分裂或羽状复叶的大叶，一般为乔木，也有少数是灌木或藤本植物，花小，通常为淡黄绿色。是单子叶植物中唯一具有乔木习性，有宽阔的叶片和发达的维管束的植物类群。

为什么玉米的根有的长在土壤外

玉米是世界三大粮食作物——玉米、小麦、水稻之一，是世界上公认的黄金食品。它原产于南美洲的秘鲁，早在7000多年前印第安人就有种植，是当地唯一的粮食作物，被视为“玉蜀黍女神”的赐物。玉米约在16世纪传入我国。因玉米成熟快，产量高，耐旱能力强，且极具营养价值，所以很快成为世界性的粮食作物。玉米一般在秋天成熟，如果你仔细观察就会发现，一株株玉米粗壮的茎干上，靠近地面处的节上长着一圈圈粗壮的根——支持根，使它们站得很稳，其实这种根扎入土里后也能够吸收水分和肥料。玉米一般是在天气炎热、雨水充足的夏季，在茎干上长支持根，这时茎干长得最快，支持根长得又快又粗。当天气转凉和雨季过后，土壤水变少，有的支持根还没来得及长进土里，就停止生长了。它们只会逐渐长粗，并悬挂在茎干的节上，所以我们才看见玉米的根长在土壤的外面。

拓展阅读

支持根

绿叶婆娑的榕树从树干或树枝上生出许多奇特的根，这些根或悬垂于半空或钻入土中，成为一根根支柱，这样不停地蔓延，密密麻麻，远远望去如同一片茂密的森林，这些根就被称为支持根。

香蕉的种子在哪儿

吃水果时，水果中一般都会有一粒粒种子，可是吃香蕉的时候却从来没见过。难道香蕉本来就没有种子吗？其实不然。香蕉也是一种绿色开花植物，它如其他绿色开花植物一样，也会开花结籽儿。那么，为什么我们常吃的香蕉中没有种子呢？其实严格来说，现在的香蕉并不是没有种子。香蕉的种子——香蕉的果肉里藏有一颗颗像芝麻般的小黑点，大家都以为那是种子，其实那只是种子的皮而已，真正的种子哪里去了呢？事实上，香蕉本来有种子，但是经过人工不断地改良，使雌花无法受孕结子，只在果肉内留下一颗颗种子皮，但是野生香蕉的果实内仍可发现颗粒状的种子。

香蕉没有种子果实怎么发育？不经传粉或其他刺激而形成无籽果实的现象，称为天然单性结实，如葡萄、香蕉、柿子、无花果、无核蜜橘等常形成无籽果实。这些植物的祖先本来不是单性结实的。由于在长期的自然条件下，个别植株或枝条发生突变，形成无籽果实，以后人们就用营养繁殖方法把它保存下来，形成无核品种。形成天然单性结实的原因，一方面由于花粉败育，另一方面是子房内含有较高的生长素，并在开花前就已开始积累，使子房不经受精而膨大。

基本小知识

生长素

生长素在植物体内分布很广，几乎各部位都有，但不是均匀分布的，在某一时间，某一特定部位的含量是受几方面的因素影响的。大多集中在生长旺盛的部分（胚芽鞘、芽和根尖的分生组织、形成层、受精后的子房、幼嫩种子等），而趋向衰老的组织和器官中则甚少。

无花果的果和无花果的花

在植物的生活史中，生长、发育、开花、结果，这是植物生长的一般自然规律。可是，只开花但不结果的植物很多，而不开花但结了果的植物却没有。

人们常常认为，无花果不开花但可以结果。其实，这种认识是错误的，无花果不仅有花，而且有很多的花，只是因为它的花太小，肉眼是不容易看得清楚的。特别由于它们的花是着生在囊状的总托里面，总花托把所有的雌花和雄花统统地包裹“隐藏”起来。不像一般植物的花托把鲜艳夺目的花瓣以及花萼、雌蕊、雄蕊都“抬”得高高的，以引诱昆虫来传授花粉。这种花，植物学上把它叫作“隐头花序”。人们不容易看见它的花，因此，就认为无花果是不开花而结果的，并给它起了这么个名字。

无花果

知识小链接

花 托

花托是花柄或小梗的顶端部分，一般略呈膨大状，花的其他各部分按一定的方式排列在上面，由外到内（或由下至上）依次为花萼、花冠、雄蕊群和雌蕊群，也是花的各部分着生处，形状不一，依各类植物而定。

我们平常吃的那个果子并不是无花果的真正果实，而是由花托膨大而形成的假果（不是由子房而是由其他部分发育而成的果，在植物学上叫作“假果”）。无花果很多花和果都“隐藏”在那个假果里面。

如果把假果割开，用放大镜仔细地观察，就会看到里面会有

你知道吗

天仙果的性状

果卵圆形或梨形，直径约 1.5cm，顶具凸头，黄红色至紫黑色，带有极短的果梗及残存的苞片。质坚硬，横切面内壁可见众多细小瘦果，有时壁的上部尚见枯萎的雄花。气微，味甜、略酸。以干燥、紫黑色、无霉至者为佳。

很多小凸起，这就是无花果的花。无花果不但有雌花和雄花，而且是分开来长的。能结果的只是雌花，每朵雌花结一个小小的果实，所以果实都包藏在那“假果”中。

雌花和雄花既然不长在一起，又都被包裹在那个囊状总花托里面，那么，雄花的花粉是怎样传送到雌花上去的呢？原来，它是由一种叫小山蜂的昆虫来传粉的。这种昆虫很小，用肉眼不容易看见，由于它们在那顶端深凹进去的囊状花托里钻来钻去，这样，就把雄花的花粉传带到了雌花上，使雌花受精结实。

没有“花”但能结果的植物，除了无花果，还有天仙果、文光果、古度子等，它们都是由特殊的昆虫进行传粉而结果的。

葫芦长成大树

我们食用的蔬菜、果品中，有黄瓜、冬瓜、蛇豆、南瓜、倭瓜、西葫芦、甜瓜、西瓜……这个瓜类大家庭共有700多种，它们大部分都是藤本植物，依靠自己的卷须攀援它物而长的。但你可曾想到，在我们所熟悉的瓜类世界中还有能长成大树的。

远在印度洋上阿拉伯海西南部有一个名叫索科特拉的海岛上，有一种植物长得很粗壮，活像一个圆滚滚的大肉墩，上下几乎一般粗细，树顶上只有两个不粗的分枝，且很短，细枝也不长，树上的叶子并不多，树干与枝叶极不相称。这种奇特的树木，曾经引起了植物学家的极大兴趣。经科学家仔细鉴定，才断定它原也是瓜类大家庭中的一员，名叫树葫芦。葫芦科的植物竟然还有长成大树模样的木本种类，真是出乎意料。

那么，树葫芦为什么会长得这么奇特呢？原来索科特拉海岛上大部分地区都是高原，海拔300～500米，气候极为干燥、炎热。严酷的自然条件，为海岛创造了大批奇形怪状的植物，据植物学家考察统计，大约有200多种植物是当地所特有的。树葫芦就是其中的怪树之一。肥大的树身富有水分，而缩小了的枝叶可以节省水分的开支，用以抵抗岛上干燥炎热的气候。

知识小链接

蛇　豆

蛇豆也称蛇瓜，是葫芦科栝楼属中一年生攀缘性草本植物。其食用部分为嫩果。蛇豆长1.30～1.70米，长柱形，两端渐尖细，尾端常弯曲成蛇状，表皮浅绿色，肉鲜绿色，肉质松软。该品种抗病性、抗虫性特强，整个生育期没有病虫的危害，所以说是目前最理想的绿色植物。

光棍树

光棍树生长在西双版纳热带植物园里，整个树身不见一片叶子，满树尽是光溜溜的碧绿的枝条，若折断一小根枝条或刮破一点树皮，就会有白色的乳汁渗出。

光棍树

光棍树属大戟科灌木，高可达4～9米，原产东非和南非的热带沙漠地区。它的叶是一种变态叶。因它的枝条碧绿、光滑、有光泽，所以人们又称它为绿玉树或绿珊瑚。光棍树的白色乳汁有剧毒，观赏或栽培时需特别小心，千万不能让乳汁进入人的口、耳、眼、鼻或伤口中，但这种有毒的乳汁却能抵抗病毒和害虫的侵袭，从而起到保护树体的作用。另据实验表明，光棍树乳汁中碳氢化合物的含量很高，是很有希望的石油植物。

为什么光棍树仅有绿色的枝条而没有叶片呢？原来，在漫长的岁月中，植物为适应环境，都会发生变异，光棍树的故乡——非洲沙漠地区长年赤日炎炎，雨量极其稀少，由于严重缺水，许多动植物大量死亡，甚至灭绝。适者生存，为适应恶劣的自然环境，保水抗旱，原来枝繁叶茂的光棍树为减少水分蒸发，叶片就慢慢退化了、消失了，而枝干则变成了绿色，用绿色密集的枝干代替叶子进行光合作用。植物不进行光合作用，是不能成活生长的，而绿色是进行光合作用的重要条件。这样，光棍树就得以生存了。但是，如果把光棍树种植在温暖潮湿的地方，它不仅会很容易地繁殖生长，而且还可能会长出一些小叶片。这也是为适应湿润环境而发生的，生长出一些小叶片，可以增加水分的蒸发量，从而达到保持体内的水分平衡。

巨人蕨

2003 年 4 月，正在长江小三峡库底进行林木清理的工作人员，在滴翠峡下游、三峡二期工程水位线下发现了两棵奇怪的植物：它们全都树干挺拔，株形漂亮，树皮表面有着六角形的斑纹。叶子都长在茎的顶端，长长的叶柄长满了小刺，每片叶子有 2～3 米长，上面竟然长了17～20 对小叶子，远看就像棕榈树叶。

经过专家们鉴定，发现这两棵怪树正是国家一级保护植物——桫椤。桫椤又叫树蕨、龙骨风、水桫椤、七叶树等，是一种珍贵的蕨类植物。

2003 年 8 月，类似的情况出现在广西临桂县。一位植物学家在路过临桂县宛田瑶族乡塔背村时，发现那里竟分布着近百株桫椤，最大的两株桫椤高达 2 米，直径达 20 厘米。据当地的瑶胞介绍，桫椤在当地被称为龙骨风，是村民们用来治疗风湿病和跌打损伤的一种良药，因此，他们一直在下意识地尽力保护桫椤。

桫椤是蕨类植物，但桫椤的个子又很高大，最高的可以长到 10 米以上，它没有木质部，又没有韧皮部，究竟是靠什么才能撑起高大的身躯呢？

秘密在桫椤的根部，虽然桫椤的茎本身并不坚固，但根却极其发达，这些根层层缠在一起，或紧紧钻进岩石缝隙，或厚厚覆在茎的下部。这样既增加了茎的体积，又提高了茎的牢度。桫椤根的再生能力特别强，砍了会再生，生了再砍，生生不息，韧劲十足，这就有力地保证了茎干能及时得到支撑。

你知道吗

蕨类植物

蕨类植物是植物中主要的一类，是高等植物中比较低级的一门，也是最原始的维管植物。大都为草本，少数为木本。蕨类植物孢子体发达，有根、茎、叶之分，不具花，以孢子繁殖，世代交替明显，无性世代占优势。通常可分为松叶蕨、石松、木贼和真蕨四纲，大多分布于长江以南各省区。

在矮小的蕨类世界中，桫椤的身材是很令人注目的，它们是蕨类植物中的“巨人”，虽然个子长到 10 多米高，但孢子的萌发以及精子和卵子的结合都离不开水。所以，只能一直生活在阴暗潮湿的环境里。

桫椤为什么如此珍贵呢？这是因为，在蕨类植物的进化史上，桫椤的地位是很关键的，有了桫椤，很多进化上的难题都能迎刃而解。

距今大约 3 亿多年以前，高大的蕨类植物成了地球的统治者。当时，在温暖湿润的环境中，鳞木、封印木、芦木和种子蕨等一些几十米高的蕨类植物组成了蔚为壮观的原始大森林。到了距今 1.8 亿年以前的中生代侏罗纪前后，桫椤类植物代替了那些古老的蕨类植物。当时的桫椤，个子足足有 20 多米高，它们俨然是地球的主宰，有的还成为恐龙口中的美食。

然而，曾几何时，地壳的变化使得原本温暖、潮湿的气候变得干燥。由于种种原因，大部分蕨类植物灭绝了，只有极少数蕨类植物死里逃生，残存到今天，桫椤就是劫后余生的蕨类植物中的一员。

由于气候原因，在南太平洋岛屿的热带雨林中，高达 25 米的蕨类植物比比皆是，但在我国，高大的桫椤却仅仅分布在四川、贵州、云南、海南、台湾、福建、浙江等地，海拔100～800米的山林中和溪沟边。

桫椤的茎含有大量的淀粉，这种淀粉被称为山粉，可以制作各种富有营养的食品。桫椤的树形极为美观，可作为庭园观赏树木。在医学上，桫椤的茎还能起医治肺痨、抵抗风湿的作用。

2002年10月，在我国广西防城港市板八乡境内，技术人员发现了另一种有“活化石”之称的桫椤类植物——黑桫椤。黑桫椤也属桫椤科，生长于海拔350～700米的密林下，目前仅在我国的浙江、台湾、广东、广西和云南南部等地被发现。它们的分布区域狭窄、数量少，已被列为国家二级保护植物。这次在广西发现的黑桫椤分布面积约为35000平方米，数量有30多株，最高的植株高达8米以上，直径超过了18厘米。这是迄今为止在十万大山发现的分布面积最大、数量最多的黑桫椤群，在科学研究上具有很高的价值。

> **你知道吗**
>
> **种子蕨**
>
> 种子蕨是在石炭纪时期演化的重要植物群体。它们有蕨类般的树叶，但是与真正的蕨类不同。因为种子蕨是带有种子的植物，或称裸子植物。这代表它们不像真正的蕨类需要水来繁殖，是蕨类植物和裸子植物之间的过渡类型。种子蕨在三叠纪和侏罗纪时期相当普遍，但在白垩纪初期灭绝。

沙漠勇士——胡杨

20世纪90年代，一支征服塔克拉玛干沙漠的中英探险队在一次穿越时，发现了长达40千米的原始胡杨树林。在茫茫荒漠风沙袭击、极端干旱贫瘠、严重盐碱与严寒酷暑等恶劣环境下，为何唯有胡杨能够不畏险恶、独具风采呢？这与它独特的生长特点和习性分不开。

胡杨为杨柳科落叶乔木，高可达15米甚至30米，寿命最长为200多年，因叶形多变异，所以又叫“异叶杨”。幼年时，它的叶片狭长似柳；成年后，下面的叶片呈披针形或线状披针形，全缘或疏生疏齿；中上部的叶呈卵形、扁卵形、肾形，具缺刻。叶色灰色或淡绿色。胡杨是一种古老的树种，已有6500万年的历史，分布于我国新疆南部、青海柴达木盆地西部、甘肃河西走廊、内蒙古河套等地区。1935年，在我国新疆库车千佛洞和甘肃敦煌铁匝沟的第三纪早新世地层中，就曾发现胡杨的化石。

胡杨有着极强的贮藏水分的本领。树皮划破后，液汁便会从伤口中源源不断地流出，好似人在流泪，因此胡杨也被称为“会流泪的树”。这是因为，生活的环境越干旱，它体内贮存的水分也越多。如果用锯子将树干锯断，就会从伐断处喷射出一米多高的黄水。如果有什么东西划破了树皮，体内的水分会从“伤口”渗出，看上去就像在伤心地流泪。但液汁中含有大量的碱性物质，因而又涩又苦，不能饮食。《新疆舆图风土考》曰：“夏日炎蒸，其津液自树梢流出，凝结如琥珀为胡桐泪；自树身流出色如白粉者为胡桐碱。”因为胡杨将吸收的盐分部分储藏体内，部分又通过表皮裂缝向外溢出、排出体外，形成白色或淡黄色的块状结晶即胡杨碱，可以食用、洗衣、制肥皂等等。这种通过植物体搬运盐分的现象，是胡杨在生态学上的一大特点，也是它适应干旱荒漠地区土壤盐渍化的特殊能力。

胡杨的木质极其坚硬，荷重可超过天山云杉，而且耐腐蚀性特强，深埋土中或水中可经久不腐。所以，当地的维吾尔族老人说，胡杨能活3000年，即长着不死1000年，死后不倒1000年，倒地不烂1000年，因而被誉称为顶天立地的“沙漠勇士”。我国考古工作者发现，地处塔克拉玛干沙漠2000多年前的楼兰古城中，不管是房屋建材、棺木，或者是独木舟、木盆、木碗、木勺、木抓等，无不由胡杨木所制，而且不腐不朽，令人惊叹。

胡杨耐高温又耐寒，可在±39℃的气温条件下生存；耐干旱，可在年降水量为50毫米的条件下生长。

胡杨还有惊人的耐盐碱能力，能在含盐量超过2%的重盐碱地正常地生长。它的体内含有高浓度的盐碱成分，有趣的是当胡杨体内的盐碱浓度过高时，能自动地将盐碱排出体外，因而在树干的伤口和裂缝处常常流出许多树液，干后凝结成米黄色的结晶体，这就是《本草纲目》所说的“胡杨泪”，现称胡杨碱，维语称其为“托克拉克”，是碳酸钠盐的结晶，纯度高达70%，大者可达0.5千克一块，一株大的胡杨树每年可排出几十千克的碳酸钠。由于胡杨能够吸收土壤中多余的盐分，因而可以改良土壤。胡杨碱类似苏打，当地居民常用它发面，制肥皂，或者用来为罗布麻脱胶和制革。

胡杨一身是宝，它的叶片富含蛋白质和盐类，是牲畜最好的冬季饲料。所以，每当严冬来临，牧民便把羊群赶到胡杨林过冬。胡杨木材的心材因不断遭受盐碱的腐蚀而材质较差，但边材却纹理漂亮，十分细腻，是荒漠居民唯一的家具、建筑用材。它的纤维可长达1.1厘米，是高级造纸材料。它的树干、枝、叶还可提炼胡杨碱。

拓展阅读

罗布麻

罗布麻因罗布泊而得名。在中国淮河、秦岭、昆仑山以北各省（自治区）都有罗布麻分布。罗布麻的纤维在已发现的野生纤维植物中，品质最优，是纺织、造纸的原料。但其纤维长度不一致，纺织时落麻率高，成纱率较低。罗布麻的根和叶有药用价值。

植物界的“骆驼”——高粱

高粱是禾本科一年生草本植物，在我国已有5000多年的栽培历史。东北高粱闻名世界，有“亚洲红米”之称。高粱的果实除可食以外，最著名的用途便是造酒了。高粱酒又醇又香，是粮食酒中的佼佼者。有一种高粱的茎秆含甜汁，可食，叫芦粟，是一种糖用高粱。但千万要注意不要用高粱的新鲜叶片或苗喂牲口，因为高粱的新鲜叶片或苗含有羟氰苷，动物吃下去后，会在胃内形成有剧毒的氢氰酸，毒死动物。还有一种高粱专用来做扫帚，叫散穗高粱。

高粱是一种生命力十分顽强的作物，它非常耐旱，被誉为植物界的“骆驼”。它的耐旱本领是由其生理构造决定的。一方面，它有极发达的根系，在土壤中分布广，扎根深；另一方面，它的根细胞的吸水本领又特强，能够在干旱缺水的土壤中吸到水。高粱不仅在水的“开源”方面身手不凡，而且在水的“节流”方面功夫独到。高粱叶面狭小，叶面光滑，有蜡质物覆盖，气孔又少，水分很难跑掉。而且，高粱在干旱季节能暂时转入休眠状态，停止生长。由于高粱在用水方面注意“开源节流”，自然便具有很强的抗旱力。高粱不仅具有抗旱力，还具有抗涝力，这也是由它的生理构造决定的。涝灾容易引起根部缺氧，而高粱根细胞有一定的抗缺氧能力，这就使它具有抗涝能力。

基本小知识

氢氰酸

全身中毒性毒剂之一。氰化氢（HCN）的水溶夜。一种弱酸，有苦杏仁味。毒性强烈，主要通过呼吸道吸入，引起组织细胸缺氧，造成窒息。

最高的植物——杏仁桉

世界上什么植物长得最高？有人说是巨杉，因为巨杉高出整个热带雨林顶部20多米，顶天立地，被称为“擎天树”。还有什么植物能比巨杉更高的呢？科学家说，世界上还有比巨杉高得多的植物。这种植物叫杏仁桉，高156米，相当于50层楼房的高度，比巨杉高出14米。

杏仁桉属桃金娘科植物，生长在澳大利亚草原上。它的树基很粗，最大的树径近10米，树干笔直向上，逐渐变细，没有什么枝杈，直到顶端才长出枝叶来。为了避免阳光直射，它的叶片细长弯曲，与阳光投射的方向平行。因此，在巨树下面竟难觅阴影。

杏仁桉的抽水功能很惊人，一棵树庞大的地下根系一天可蒸发掉17.5万升的水分，活像一台抽水机。有人利用这一点，将杏仁桉栽种在沼泽里，利用它的抽水功能把沼泽地的水抽干。

杏仁桉又是世界上最速生的树种之一。杏仁桉的种子虽然很小，直径只有1～2毫米，但生长速度却极快。杏仁桉播种后五六年间便能长成高10多米，胸径40多厘米的参天大树。

杏仁桉的经济价值也很高，其树干是制造车、船及电杆的好材料，叶中可提炼出有特殊香味的桉叶油。桉叶油是著名的桉叶糖的主要原料之一，有清凉止咳的奇效。杏仁桉还能提炼出鞣料、树脂等有价值的工业原料。

知识小链接

树　脂

树脂一般认为是植物组织的正常代谢产物或分泌物，常和挥发油并存于植物的分泌细胞，树脂道或导管中，尤其是多年生木本植物心材部位的导管中。由多种成分组成的混合物，通常为无定型固体，表面微有光泽，质硬而脆，少数为半固体。

最粗的植物——百骑大栗树

百骑大栗树到底有多粗呢？经过实地测量，它的直径有17.5米，周长有55米。北美的巨杉和非洲的猴面包树可算是世界级的粗树了，但巨杉的直径最粗的也不过12米左右，猴面包树呢，最粗也仅仅10米左右。百骑大栗树又叫“百马树”，生长在地中海西西里岛的埃特纳火山的山坡上。它不仅是世界上最粗的树木，也是世界上最粗的植物。

相传，古时有一位名叫亚妮的王后，一次兴致勃勃地到地中海中的西西里岛游玩。当她带了一队人马来到埃特纳火山附近的时候，天上忽然下起了滂沱大雨。

随从们抬头四望，见四周并无地方可以躲雨，心里不由犯了愁。正在这时，他们发现了坡前一棵高大无比的栗树。那栗树浓阴似伞，遮住了好大一块地面。王后及其 100 名随从走了进去，却丝毫不觉拥挤。栗树为 100 余人挡住了风雨，因而被王后亲切地称为百骑大栗树。

除了可供游客观瞻以外，百骑大栗树的经济价值极高。它的坚果含有大量的淀粉、糖、脂肪和蛋白质，既可炒食，又可加工成罐头。产量高，质量也好，很受当地人的欢迎。

如今，这棵百骑大栗树虽然经历了沧桑磨难，但仍然郁郁葱葱，生机勃勃，每年开花结果时，都引来大批采栗子的人。

拓展阅读

埃特纳火山

位于意大利西西里岛东岸的埃特纳火山，海拔 3340 米，是欧洲最高的活火山。这座火山自公元前 475 年大喷发以来，一直没有安静过，仅公元 1500 ~ 1669 年就记录了 71 次喷发，以后到 1971 年又喷发了 38 次。然而火山喷发所带来的灾难和恐惧，却没有阻止生命的进程。相反，大量火山灰使山坡上和山脚下土质肥沃、草木葱茏。在埃特纳火山海拔 900 ~ 1980 米的中段地带，生长着茂盛的栗树、山毛榉、栎树、松树和桦树，景色十分秀丽。

最长的植物——白藤

在热带、亚热带森林中，许多大树上都缠绕着一根根又细又长的“长鞭”，这就是白藤。

白藤茎干一般很细，有小酒盅口那样粗，有的还要细些，有长的节间。它的顶部长着一束羽毛状的叶，叶面长尖刺，无纤鞭，裂片每侧7 ~ 11 枚，上部4 ~ 6 枚聚生，两侧的单生或 2 ~ 3 成束，束间距离较远。茎的上部直到茎

白　藤

梢又长又结实，也长满又大又尖往下弯的硬刺。它像一根带刺的长鞭，随风摇摆，一碰上大树，就紧紧地攀住树干不放，并很快长出一束又一束新叶。接着它就顺着树干继续往上爬，而下部的叶子则逐渐脱落。白藤爬上大树顶后，还是一个劲地长，可是已经没有什么可以攀缘的了，于是它那越来越长的茎就往下堕，以大树当作支柱，在大树周围缠绕成无数怪圈圈。肉穗花序鞭状，分4～7枝，花单性，雌雄异株。它的茎特别长，而且很纤细，可以说是植物王国里的"瘦长个子"。茎直径不过4～5厘米，白藤从根部到顶部，达300米，比世界上最高的桉树还长一倍呢。资料记载，白藤长度的最高纪录竟达500米，是植物中的长度冠军。

白藤是棕榈科藤本植物，顶部长着一束羽状叶子。随着顶端新叶的长出，白藤下部的老叶不断脱落，缠树的部分就只剩下茎藤了。我国广东、广西、福建、云南等地的密林中，都盛产白藤。它的茎很柔韧，可以加工制成藤椅、藤榻、藤篮等藤制品。白藤还具有解毒的功效，全株都可入药。

基本小知识

藤本植物

藤本植物，植物体细长，不能直立，只能依附别的植物或支持物，缠绕或攀援向上生长的植物。藤本依茎质地的不同，又可分为木质藤本（如葡萄、紫藤等）与草质藤本（如牵牛花、长豇豆等）。

最大的花——大王花

大王花

在苏门答腊的热带森林里，生长着一种奇特的植物，它的名字叫大花草。它一生只开一朵花，花也特别大，一般直径有 1 米左右，最大的直径可达 1.4 米，是世界上最大的花，因此又叫它“大王花”。这种花有 5 片又大又厚的花瓣，整个花冠呈鲜红色，上面还有点点白斑，每片长约 30 厘米，一朵花就有 6 ~ 7 千克重，因此看上去既绚丽而又壮观。花心像个面盆，可以盛 5 ~ 6 千克水，是世界“花王”。

虽然大王花的花很大，但它的种子很小，比罂粟的种子还小，种子萌发时体积膨大，穿破种子的外皮，长出形状像洋白菜一样的芽。过一个月后花便开放，盛开的大王花艳丽多彩。5 片多浆汁的花瓣厚而坚韧，每个花瓣有四五厘米厚。大王花一生只开一朵花，花期 4 天。花朵刚开时倒还有点香味，以后就臭不可闻了。花粉散发出来的恶臭招来许多苍蝇，这些苍蝇便成了大王花的主要授粉者。松鼠对花粉

你知道吗

罂　粟

罂粟是罂粟科植物，是制取鸦片的主要原料，同时其提取物也是多种镇静剂的来源，如吗啡、蒂巴因、可待因、罂粟碱、那可丁。学名“Papaver somniferum”的意思是“催眠”，反映出其具有麻醉性。罂粟的种子罂粟籽是重要的食物产品，其中含有对健康有益的油脂，广泛应用于世界各地的沙拉中，而罂粟花绚烂华美，是一种很有价值的观赏植物。

也很感兴趣，常常从一个花药舔到另一个花药。

在花期的第四天，大王花的大的花瓣片开始脱落。这是花凋谢的标志。在几周内，其他的裂片也迅速脱落，颜色变黑，最后变成一摊黏稠的黑色物质，授了粉的雌性花，在以后的7个月内逐渐形成一个半腐烂状的果实。

大王花最普通的寄主是一种爬崖藤属植物，但它们的寄生依赖关系中有一些问题至今还不能够解释清楚。

对大王花的种子是怎样传播的，科学界还存在着争议。有些植物学家认为，果实里的种子是由鹿、野猪踩进茎皮破损的寄主植物中的；而也有人认为可能是松鼠帮了忙。松鼠一面享用这种果实，一面磨牙嚼咬寄主的茎皮，这样就把种子带进破损的茎皮之内。此外，白蚁和其他蚁类可能也起了作用。

最大的花序——巨魔芋

许多花簇生在共同的花轴上，并排有一定的序列，叫花序。比如，常见的菊花，花轴短而肥厚，顶多平展或凸出、凹陷，上面聚生很多无梗的花，像只花篮，称为篮花状序。

巨魔芋花序，是世界上草本植物中最大的花序。巨魔芋是南天星科植物，产于印度尼西亚苏门答腊的密林中。它具有半米多长的地下茎。从块茎上抽出一枝粗壮的地上茎，靠近地面有一张叶片，再往上就是一个高约1米，直径约1.3米的叶状“佛焰苞”。佛焰苞托着巨魔芋巨大的花序。花序由数以千计的黄色雄花和雌花组成。

拓展阅读

天南星科

天南星科，单子叶植物，115属，2000余种，广布于全世界，但92%以上产热带，中国有35属，206种（其中有4属，20种系引种栽培的），南北均有分布，有些供药用，有些种类的块茎含丰富的淀粉供食用，有些供观赏用。

1878 年，意大利人贝卡里在苏门达腊热带雨林中，发现巨魔芋花序，高近 3 米，宽 1.5 米。它的外形像巨型的烛台，佛焰包外面绿色，里面红色，花穗苍绿色，壮丽多姿。花序刚出生时，一天能长十几厘米。刚开花时，不像一般的花开出沁人心扉的香气，而是发出令人作呕的臭气。可是苍蝇和甲虫一旦闻到巨魔芋的臭味就马上飞进了花室，落在硬毛圈里乱爬起来，一会儿靠着雄花爬一阵儿，一会儿靠雌蕊爬一阵儿，无形中起到了媒介的作用。

巨魔芋的花开一天就凋谢了。

在木本植物中，花序最大者要数巨掌棕榈了。它的花序大得简直令人吃惊，其株高也不过 20 米左右，可是圆锥形的花序竟高 14 米左右，基底直径约有 12 米，巨大的花序上生有 70 多万朵花。巨掌棕榈产于印度，它的生长速度要比一般棕榈缓慢，需要生长 30—40 年才能开花，开花后不久便死去。巨掌棕榈的花序之大，不仅是木本植物的冠军，就是在整个植物界也数第一。

最轻的树——轻木

世界上最轻的树木是轻木，10 米长的树干一人就可扛走，干燥的轻木每立方厘米仅 0. 1 ~ 0. 25 克，比做软木塞的栓皮栎还要轻一半，是世界上最轻的树木。

轻木属木棉科轻木属，常绿乔木，原产南美洲及西印度群岛，当地人称为“巴尔沙木”，其意为“筏子”。用轻木做筏子，浮力特大，装载的东西特多。

轻木是世界上最速生的树种之一，一年就可长到 5 ~ 6 米高，10 年生的轻木可高达 16 米，直径 50 ~ 60 厘米。

轻木除可做木筏外，还可以做隔音设备、绝缘材料、救生用品、飞机上的设施，因为它不但极轻，而且不易变形，加工容易，导热系数较低，又能隔音。

知识小链接

木棉科

木棉科，锦葵目的一科。该科约有20属，180种，广布于热带（特别是美洲）地区。我国原产1属2种，引种栽培5属5种。乔木或灌木，与锦葵科近缘，是热带的特征科。花通常大而美丽。该科较有名的属种如：木棉属，8种，如红丝棉树；吉贝属，10种，产木棉；轻木（木材特轻）；榴莲（产于马来亚，果实大，气味独特；瓜栗属，热带美洲的观赏植物）；以及猴面包树。

最重的树——蚬木

蚬木是世界上最重的树，将其放入水中，它会立即沉入水底，因为它的密度比水大。

蚬木，又名火木，椴树科常绿大乔木，渐危品种。分布于广西和云南部分海拔700～900米热带石灰岩山地季雨林。幼树耐阴，10岁以上需全光照。3月开花，6月果熟，材质优良，色泽红润，不弯曲，不开裂，耐水耐腐。蚬木的年轮很特殊，一边宽一边窄，酷似蚬壳上的纹理，并因此得名。蚬木一般能长到10米高，在广西龙州县有一颗大蚬木，已经四五百岁了，高达40米，主干直径1米。它的木材坚重，有极为优良的力学特性，是机械、特种

广角镜

椴树科

椴树科，被子植物门，双子叶植物纲，五桠果亚纲，锦葵目其中的一科。木本或草本，茎皮富含纤维。叶常不等侧。花两性，稀单性；萼5片，或3～4片；花瓣5片，覆瓦状或不存在，基部常有腺体；雄蕊多数，分离或连生成囊。退化雄蕊有时存在，常呈花瓣状，子房两至多室，胚珠多数。蒴果、核果、浆果或翅果。种子有胚乳。

建筑和制船、高级家具的珍贵用材，也是做砧板的好材料。

蚬木是热带原生性的石灰岩季节性雨林的建群种之一，是热带石灰岩的特有植物，有较重要的研究价值。

蚬木生长的地区多数为石灰岩地区，生长期内吸收了许许多多钙质，所以蚬木不但材质细密、比重大，而且还坚硬无比。

最小的有花植物——微萍

世界上最小的有花植物是什么？你也许会说是浮萍。不错，生长在池塘、水洼与水沟里的浮萍很小，圆圆的小叶片只有圆珠笔芯那么大，叶片背面有一条细根浸在水中。

但世界上还有比浮萍小，只有浮萍四分之一大小的有花植物。这种世界上最小的有花植物叫微萍。微萍本来就很小，长仅 1 毫米，宽不到 1 毫米，开的花就更小了，比针尖还小。但这却是一种真正的花，是由一朵雄花和两朵雌花组成的完整花序！

与微萍同族的微小植物还有无根萍。微萍和无根萍都小得只有在显微镜下才能看清，它们既无根，又无叶，只有一块扁平的茎。其阴面是隆起的，向阳的一面是平整的，像一粒粒沙子，密密麻麻地覆盖在海面上。生长最旺盛时，每平方米的水面上聚集有上百万株。

这两种微小植物都很难开花。开花时，小小的花朵长在沙粒似的叶片表面，模样儿像灯泡，外面长有极细小的鳞片。

微萍与无根萍开花后会结出圆球形、表面光滑的果实来。但是，它们主要不是靠种子来传播后代，它们能像细菌一般进行分裂繁殖，一分为二，二分为四，在植物体边上长出另一个新的植物来，很快就能占领一大片水面。

微萍与无根萍产于热带和温带，在我国东南各省并不鲜见，是喂养鱼苗的好饲料。

最稀有的植物——普陀鹅耳枥

世界最稀有的植物莫过于我国的普陀鹅耳枥了，因为全世界仅存一株普陀鹅耳枥树。这株树生长在浙江省近海舟山群岛的普陀岛上。普陀岛以世界著名的佛寺——普陀寺闻名，有“海天佛国”之称。

这株稀有的植物是1930年我国著名的植物学家钟观光教授在普陀岛上发现的。1932年，我国另一名植物学家郑万钧教授正式将这棵珍稀宝树定名为普陀鹅耳枥，现为国家重点保护植物。

普陀鹅耳枥高约14米，胸径60厘米，树冠宽12米，树皮灰色，属桦木科鹅耳枥属植物。

为了不让普陀鹅耳枥树绝种，杭州植物园的科研人员通过播种和无性繁殖的方法，已经培养了大量的普陀鹅耳枥树苗，这一珍贵的树种有望在将来广泛种植。

最古老的杉树——“世界爷”

在美国加利福尼亚州内华达山西坡上，生长着一小片巨杉林，这也是世界上最稀有的植物之一。巨杉树干粗大笔直，高耸入云。最高的一株巨杉高142米，直径达12米，下部没有枝丫，像一个高高的树标耸立在公路旁。巨杉被称为“世界爷”。

巨杉是100多年前才发现的，英国人在1859年将其命名为“威灵顿巨树”，以纪念在滑铁卢打败拿破仑的英军统帅威灵顿。然而，美国人对他们的国宝用英国人命名感到不满，将其更名为“华盛顿巨树”。后来，植物学家出面平息了这场纠纷，定名为巨杉，属杉科植物。

巨杉的历史悠久，7000万年前曾遍布北半球。后来，经过第四纪冰川的浩劫，只有内华达山脉上保留了硕果仅存的一小片巨杉林，十分稀有。

知识小链接

杉科

杉科是裸子植物门松杉纲松杉目的一科，是裸子植物门种数不多的一科。杉科植物为亚洲东部与北美南部亚热带地区暖性针叶林的群落树种。许多种由于生长较快、林质优良，能生成大径材，而广为栽培，如东亚的杉木、秃杉、柳杉和日本柳杉；北美的落羽杉、池杉、墨西哥池杉、巨杉等。

最大的莲叶——王莲

在南美洲热带亚马孙河流域的水体中，生长着株形奇特的亚马孙王莲，它是睡莲家族的一员，又名王莲。其叶片巨大，叶缘直立，形似小木盆，极为壮观。叶片浮力大，上面能承受一个20～35千克儿童的重量。英国建筑家约瑟，曾模仿王莲叶片的结构，设计了一种坚固耐用、承重力大、跨度大的钢架建筑结构，被誉为“水晶宫”。到今天，许多现代化的机场大厅、宫殿、厂房，都用了约瑟的设计原理。王莲具有很高的观赏价值，也十分奇特和神秘。它的花期一般有三天，每天的颜色各不同，开花时花蕾伸出水面，第一天傍晚时分开花，白色并伴有芳香，第二天变为粉红色，第三天则变为紫红色，然后闭合而凋谢沉入水中。由于王莲这一奇特的特性，被人们称为“善变的女神”，在世界各国水景园、植物园的园艺栽培中，被奉为至宝。

王莲是大型多年生水生草本，有直立、粗短的根状茎，具刺，其下有粗壮、发达的侧根。叶基生，硕大，肉质，有光泽，圆形，叶色深绿色；发芽后，小叶近圆形，浮生于水面，形状随叶片的大小而变化，幼叶呈内卷曲锥状，成熟叶片，平展于水面，直径可达2米；叶柄粗而长，叶背及叶柄具浅褐色尖皮刺。一般成株的叶圆形，叶片巨大，网状脉，叶缘向上折起7～10厘米，全叶宛如大圆盘。因为叶子内部具有特别发达的通气组织，里面能够储藏大量的空气，

王 莲

而王莲的背面又布满了由中心向四周放射的粗壮叶脉，叶脉隆起，支撑着巨大的叶面，使得整片叶子浮于水面，增加了叶片的浮力。王莲浮力最大可承重 50 千克以上，小孩子坐在叶子上面不会下沉，所以说“水上花王”之称得来一点也不虚假。果实球形，在水中成熟，结实较多，呈黑色，形似玉米，所以又有“水中玉米”之称。花期在夏、秋两季。

王莲在 20 世纪 60 年代开始引种到我国，一般多作为一年生植物栽培，因冬季长势明显衰落。王莲的繁殖以播种为主，种子采收后需在水中贮藏，为保持发芽力应经常换水，保持水体清洁。将种子放入盆中一般于 12 月至第二年 2 月，以浅盆为主。亚马孙王莲在 1—2 月育苗，克鲁兹王莲在 3—4 月育苗，水池中水温 30 ~ 350℃，气温稳定在 250℃，水深 5 ~ 10 厘米，15 天左右就能发芽。发芽后，逐渐增加水的深度，待小叶和根长出后进行上盆。随着幼苗的生长，经过 2 ~ 3 次换盆后，再换盆应加入少量的基肥。等新苗定植后，水位宜浅，随着苗的生长再进行加水。幼苗期需光照充足，冬季光照不足，尚须补光，每日需 12 小时以上光照，否则叶片易腐烂。温室栽培，经 5 ~ 6 次翻盆后，便可定植于水池内。夏季天气炎热，要经常打捞池中杂物、杂草，剪除黄叶、烂叶，以保证

拓展阅读

睡 莲

睡莲又称子午莲、水芹花，是属于睡莲科睡莲属的多年生水生植物，睡莲是水生花卉中名贵花卉。外形与荷花相似，不同的是荷花的叶子和花挺出水面，而睡莲的叶子和花浮在水面上。睡莲因昼舒夜卷而被誉为“花中睡美人”。睡莲的用途甚广，可用于食用、制茶、切花、药用等用途。

植株健壮生长。7—8 月叶生长旺盛期，可 10—15 天进行追肥一次；8—9 月盛花期，也应注意施肥。

最大的椰子——海椰子

在非洲塞舌尔群岛的普拉兰岛和库瑞岛上，出产一种特别的椰子树——海椰子。

海椰子属于棕榈科，树高 20 ~ 30 米；树叶呈扇形，宽 2 米，长可达 7 米，最大的叶子面积可达 27 平方米，活像大象的两只大耳，由于整座树庞大无比，所以，人们称它为“树中之象”。

海椰子树最令人称奇的是它那硕大的果实。海椰子的果实横宽35 ~ 50 厘米，外面长有一层海绵状的纤维质外壳，剥开外壳后就是坚果。海椰子的一个果实重可达 25 千克，其中的坚果也有 15 千克，是世界上最大的坚果，被称为“最重量级椰子”。

海椰子的坚果是一种复椰子，好像是合生在一起的两瓣椰子，因此，塞舌尔人将其誉为“爱情之果”。

海椰子坚果内的果汁稠浓如胶状，味道香醇，可食亦可酿酒，果肉熬汤服用，可治疗久咳不止，并有止血的功效。海椰子的椰壳经雕刻镶嵌，可作装饰品。海椰子虽然和其他椰子一样可以在海上漂浮，随海水远走他乡，却不能在海滩上生长。因此，海椰子目前只在塞舌尔有出产，加上它的生长十分缓慢，百年才能长成，果实要 7 年才能成熟，显得十分稀

> **趣味点击**
>
> **塞舌尔人**
>
> 印度洋西部非洲岛国塞舌尔民族。又称塞舌尔克里奥尔人、克里奥尔人，主要分布在马埃岛，属黑白混血人种，使用克里奥尔语（以法语为基础的混合语），属印欧语系罗曼语族；部分人通用英语和法语。多信天主教，少数信基督教新教。

少珍贵。海椰子树的产地被塞舌尔政府划为“天然保护地”，得到当地政府和人士的精心呵护。

最长寿的植物——龙血树

在西双版纳的热带植物研究所里，有一种生长缓慢而耐干旱的喜光树，此树树干粗短，树皮灰白纵裂枝叶繁茂。这就是被誉为植物中的活化石的龙血树。它的树龄可达 8000 多年，是地球上最长寿的树。

龙血树

据了解，龙血树主要生长在海拔 60 ~ 1300 米的林中或石山上，树龄可长达 8000—10000 年。龙血树一般高约 10 ~ 20 米，主干十分粗壮，直径可达 1 米以上。树上部多分枝，树态呈 Y 字形。叶带白色，像锋利的长剑密密地倒插在树枝顶端。开白绿色花，结黄橙色浆果。另据《中国植物志》第十四卷记载，龙血树是百合科龙血树属植物，目前全世界龙血树共有 40 余种，分布于亚洲和非洲的热带和亚热带地区。其中我国有 5 种，产于南部，它们分别是剑叶龙血树、海南龙血树、长花龙血树、细枝龙血树、矮龙血树，是乔木状或灌木状植物。

基本小知识

单子叶植物

单子叶植物纲被子植物门的一纲。叶脉常为平行脉，花叶基本上为 3 数，种子以具 1 枚子叶为特征。

龙血树的生长异常缓慢，几百年才长成一棵树，几十年才开一次花，因此十分稀有。龙血树虽属单子叶植物，它茎中的薄壁细胞却能不断分裂，从而使茎逐年加粗。龙血树的树形奇美，极具观赏价值。在云南民间被人们誉为“不老松”，是延年益寿、佑护子孙的吉祥象征。

用刀子在龙血树上划开后会流出暗红色的树脂，俨如流血一样，相传它是巨龙与大象交战时血洒土地而生，因此得名。龙血树中的部分树种如剑叶龙血树、海南龙血树等是提炼名贵中药——血竭的原材料。龙血树的茎干上的树皮如果被割破，就会分泌出深红色的像血浆一样的黏液，也有些像松树所分泌的树脂，俗称“龙血”或“血竭”。血竭是一种名贵的南药，被誉为“圣药”，有止血、活血和补血等三大功效，是治疗内外伤出血的重要药品，也可治疗尿路感染、便秘、腹泻、胃痛、产后虚弱、跌打损伤、心慌、心跳等等，与传统的“云南白药”并称为“云南红药”。龙血树的树根、树皮、树叶还可以用来治疗肿瘤等疾病。

广角镜

血　竭

血竭，药名。别名：骐驎竭、海蜡、麒麟血、木血竭。药材基源：棕榈科植物龙血树分泌的树脂。具有活血散瘀，定痛，止血生肌的功效。目前国产血竭多为百合科剑叶龙血树或柬埔寨龙血树树脂，进口血竭较为少见。

我国使用血竭已有上千年历史，但过去一直依靠进口。20世纪70年代，我国著名植物学家蔡希陶教授和他的助手们在云南省南部发现龙血树资源，结束了我国血竭长期依赖进口的历史。从此，以蔡希陶教授为首的科技人员，开展了龙血树资源的引种、驯化、试种和开发应用研究，着手研制中国的红药——血竭。

中国科学院西双版纳热带植物园已初步建成我国最大的龙血树专类园。它位于热带植物园的西区东端，与雨林制药有限责任公司连成一片。它根据龙血树植物的分类群、原产地、生活习性等，分为野生龙血树区、栽培龙血树区两大区，总面积两万多平方米，现已收集了国内外龙血树属植物34种约460株，同科朱蕉属植物13种800多株，共约47种1260株。同时该园在建设时采用（三五成丛、高低错落、疏密有致）园林手法并配置了园林山石，因此该园不仅保存了物种，还是融科学研究、旅游观光、科普教育、知识传播为一体的园区，是园林景观、园林植物、园艺栽培集中展示的示范基地。

最孤单的植物——独叶草

在繁花似锦、枝繁叶茂的植物世界中，独叶草是最孤独的。论花，它只有一朵；数叶，仅有一片，真是“独花独叶一根草”。

独叶草

独叶草的地上部分高约10厘米，通常只生一片具有5个裂片的近圆形的叶子，开一朵淡绿色的花；而小草的地下是细长分枝的根状茎，茎上长着许多鳞片和不定根，叶和花的长柄就着生在根状茎的节上。

独叶草是毛茛科的一种多年生的草本植物，是我国云南、四川、陕西和甘肃等省特有的小草。它生长在海拔2750~3975米的高山原始森林中，生长环境寒冷、潮湿，十分隐蔽，土壤偏酸性。这是毛茛科植物的生长环境特点。

知识小链接

毛茛科

毛茛科是被子植物的原始科之一，多年生至一年生草本，少数为藤本或灌木，单叶或复叶，花通常两性，辐射对称，果实为蓇葖果或瘦果，全世界广布。

独叶草不仅花叶孤单，而且结构独特而原始。它的叶脉是典型开放的二分叉脉序，这在毛茛科1500多种植物中是独一无二的，是一种原始的脉序。独叶草的花由被片、退化雄蕊、雌蕊和心皮构成，但花被片也是开放二叉分的，雌蕊的心皮在发育早期是开放的。这些构造都表明独叶草有着许多原始特征。因此，独叶草自1914年在云南的高山上被发现后，就引起国内外学者的兴趣，他们认为，在对独叶草的研究基础上，可以进一步研究整个被子植物的进化。

基本小知识

被子植物

被子植物或显花植物是演化阶段最后出现的植物种类。它们首先出现在白垩纪早期，在白垩纪晚期占据了世界上植物界的大部分。被子植物的种子藏在富含营养的果实中，提供了生命发展很好的环境。受精作用可由风当传媒，大部分则是由昆虫或其他动物传导，使得显花植物能广为散布。

最毒的树——箭毒木

人们往往形容坏人“毒如蛇蝎”，其实比蛇蝎还要毒的动物为数并不少，而有毒性的植物就更多了。

据统计，有毒的植物不下上千种，那最毒的植物是什么呢？有一种植物，如果它的汁液溶入人的伤口与血液相触，那么这人的心脏就很快被麻痹，血液凝固，必死无疑。如果不小心将这种汁液弄到眼睛里，就会立刻失明。

这是什么植物？它叫箭毒木，是一种桑科植物，产于我国广西、海南和云南南部，印度和印度尼西亚也有分布。它树干粗壮、高大雄

箭毒木

伟，远远望去与一般乔木别无二样。这种树能分泌一种乳白色的汁液，含有剧毒成分。这种含有剧毒成分的树液，即使没有击中猎物的要害，只要猎物负了伤粘上一点，也会必死无疑。傣族地区有一个“贯三水”的说法，意为用这种树液制成的弓箭射中野兽后，任凭它多么凶猛，跳不出三步，必然倒毙。所以，箭毒木又叫“见血封喉”。

据传最早发现箭毒木汁液有剧毒的是西双版纳的傣族猎人。这位傣族猎人在森林狩猎时被一只硕大的狗熊追赶，迫于无奈，爬上了树。在狗熊也要爬上树的紧急关头，猎人顺手折断了树枝，猛然刺向狗熊。不料，狗熊即刻倒毙。这时人们才发现这种树是有毒的。此后傣族猎人便用箭毒木汁液涂在箭头上狩猎。当人们说起箭毒木时犹如大祸临头，称它为“死亡之树”。据史料记载，1859 年，东印度群岛的土著人在抗击英军入侵时，就是用带有箭毒木汁液的箭射向敌军，其杀伤力令英军心惊胆战。英军莫名其妙，不知这是何等先进武器，搞得他们一筹莫展，不敢再贸然反击。

拓展阅读

桑科

桑科是被子植物门、双子叶植物纲、金缕梅亚纲、荨麻目的一科。桑科植物多为乔木、灌木，有时藤本，稀为草本，有刺或无刺，有或无乳状液。单叶互生或对生，全缘或具锯齿或分裂；托叶早落。花小，单性，异株或同株，雌雄花常密集为头状花序、聚伞花序、葇荑花序。花序托开张或封闭，有或无花被，无花萼和花瓣之分；雄蕊与花被片同数且与彼等对生，通常4，稀1~8。

箭毒木虽然剧毒，但人们在长期的劳动实践中也发现了它的用途。箭毒木的皮厚实而多纤维，柔软而富有弹性。傣家人把伐来的箭毒木用水浸泡，除去毒液，将皮捶松，晾干后做成的床上褥垫极为舒适耐用，睡几十年没问题。

植物的生活探秘

ZHIWU ZHONG DE AOMI

如果你认为植物不会说话，它们没有感觉、没有眼睛，它们不出汗不发烧，那你就大错特错了。植物是有生命的，它们有自己的语言，有自己的喜怒哀乐，有自己喜欢的音乐，它们甚至能改变人类的味觉，提高人类的记忆力，出产大米，长出面包，植物还会跳舞和吐水灭火。千万不要小看它们哦！

植物的“喜怒哀乐”

最初，人类以为只有自己才配有喜怒哀乐这样高级的情感。后来，科学家研究发现，不少动物也具有这样的情感。近年来，科学家还发现植物其实也有“喜怒哀乐”。

所有植物都是喜好颜色的。各种植物不但自身有美丽的外衣，而且有着良好的视觉，它能辨别各种波段的可见光，尽可能地吸收自己喜爱的光线。近年来，农业科学家发现，用红光照射农作物，可以增加糖的含量；用蓝色照射植物，则蛋白质的含量会增加；紫色光可以促进茄子的生长。所以，根据植物对颜色的喜好和具体的生产需要，农作物种植者可以给植物加盖不同颜色的塑料薄膜。同样，在培育观赏植物的过程中，也可以利用植物喜好颜色的习性。一些生物科学家开始研究植物喜好颜色的习性，并由此形成了一门叫“光生物学”的科学。

> **趣味点击　音乐家威尔第**
>
> 居塞比·威尔第是意大利杰出的歌剧作曲家，他一生创作了 27 部歌剧，其中一些已被列入世界著名歌剧之列，在世界各国上演。他被誉为歌剧之王。

植物既喜好颜色，又喜好声音。科学家研究发现，植物可以对各种各样的音乐做出不同的反应。如果植物伴随着音乐成长，根系和叶绿素都会增多。玉米和大豆“听”了《蓝色狂想曲》，心情舒畅，发芽特别快。不同的植物对音乐的欣赏也是很挑剔的，胡萝卜、甘蓝和马铃薯偏爱音乐家威尔第、瓦格纳的音乐，而白菜、豌豆和生菜则喜欢莫扎特的音乐。有些植物宁愿不听音乐，也不愿意听不喜欢的音乐，为了表示厌恶，它们会付出死亡的代价。比如玫瑰这种高雅的植物在听到摇滚乐后就会加速花朵的凋谢，而牵牛花更为“刚烈”，听到摇滚乐的四个星期后就完全死亡。

植物还有强烈的同情心。美国某一研究中心曾经用植物做了一些有名的情感实验。实验之一，科学家把活的小虾从一个容器中缓缓倒入滚烫的开水锅中，再把在一旁“目睹”这一悲剧的植物的叶片和测试仪连接起来。当小虾快掉入开水锅时，植物的“情感曲线”突然上升，好像被吓了一跳似的，也好像人类悲痛时的表现。实验之二，在有两株植物的房间进入了六个人，其中一个人掐断了一株植物，然后六个人离开，研究者把测试仪和没有“被害”的植物叶片连接起来。过了一会儿，六个人分别在不同时间进入房间，其他五个没有掐断植物的人进入房间的时候，没有“被害”的植物表现平静。当掐断植物的“罪犯”进入房间的时候，没有“被害”的植物的“情感曲线”出现大的波动，就像人们发怒一样。

关于植物的情感研究有着极其重要的科学意义。首先，这些发现提示了所有生物之间的亲缘关系。另外，这些发现还告诫人类要尊重所有生命，因为任何生命都有自己的生存权利和情感。如果过分掠夺植物资源，植物可能最终以自己独特的方式来报复人类，所以人类要尽力保护好现有的生态环境。

植物的相生相克

植物的相克相生作用，又称化感作用。它是指一种植物通过对其环境释放的化感作用物质对另一种植物或其自身产生直接或间接、有利或有害的效应。

植物之间相互作用在自然的或人工的生态系统有重大的影响，有些植物种类能够“和平相处，共存共荣”，有些植物种类则“以强凌弱，水火不容”。

苦苣菜是欺弱称霸的典型。它是一种杂草，可是你千万别小看它，它竟敢欺侮比它高大的玉米和高粱。在玉米或高粱地里，如果苦苣菜成群，它们就会称王称霸，并将玉米或高粱置于死地。苦苣菜使用的法宝就是它们根部分泌的一种毒素，这种毒素能抑制和杀死它周围的作物。

在葡萄园的周围，如果种上小叶榆，葡萄就会遭殃，小叶榆不容葡萄与它共存，它的分泌物对于葡萄是一种严重的威胁，因此，葡萄的枝条总是躲得远远的，背向榆树而长。如果榆树离葡萄太近，那么，榆树分泌物的杀伤力就更大，葡萄的叶子就会干枯凋萎，果实也结得稀稀拉拉。如果葡萄园周围是榆树林带，距离榆树林带数米的葡萄几乎全被它们害死。

在果园里，核桃树对苹果树总是不宣而战，它的叶子分泌的“核桃醌”偷偷地随雨水流进土壤，这种化学物质对苹果树的根起破坏作用，导致其细胞质壁分离。因此，苹果树的根就难以成活。此外，苹果树还常受到树荫下生长的苜蓿或燕麦的“袭击”，使苹果树的生长受到抑制。

在植物界也有双方两败俱伤的情况。水仙花和铃兰花都是人们喜爱的花卉，如果把它们放在一起，双方就会发生一场激战。双方散发的香味都是制服对方的“武器”，谁也不示弱，都想把对方制服，结果弄得两败俱伤，双双夭折。

当然，盆花的种植，由于不种在同一盆钵中，因此可不考虑根系分泌物的影响，只需考虑叶子或花朵、果实的分泌物对放在同一室内的其他花卉之影响。例如，丁香和铃兰不能放在一起，即使相距 20 厘米，丁香花也会迅速萎蔫，如把铃兰移开，丁香就会恢复原状；铃兰也不能与水仙放在一起，否则会两败俱伤，铃兰“脾气”特别不好，几乎跟其他一切花卉都不够“友善”。丁香的香味对水仙花也不利，甚至会危及水仙的生命。丁香、紫罗兰、郁金香和勿忘我不可种养在一起或插在同一花瓶内，否则彼此都会受害。此外，丁香、薄荷、月桂能分泌大量芳香物质，对相邻植物的生态有抑制作用，最好不要与其他盆花长时间摆放一块黎。桧柏的挥发性油类，含有醚和三氯四烷，会使其他花卉植物的呼吸减缓、停止生长，呈中毒现象；桧柏与梨、海

你知道吗

香豆素

香豆素是一个重要的香料，天然存在于黑香豆、香蛇鞭菊、野香荚兰、兰花中。香豆素的衍生物有些存在于自然界，有些则可通过合成方法制得；有的游离存在，有的与葡萄糖结合在一起，其中不少具有重要经济价值，例如双香豆素，过去由甜苜蓿植物腐败析出，现在可用人工合成，用作抗凝血剂。

棠等花木也不摆在一块儿，否则易使其“患上”锈病。再则，成熟的苹果、香蕉等，最好也不要与含苞待放或正在开放的盆花（或插花）放在同一房间内，否则果实产生的乙烯气体也会使盆花早谢，缩短观赏时间。

有些植物之间，由于种类不同、习性互补，叶片或根系的分泌物可互为利用，从而使它们能“互惠互利、和谐相处”。如在葡萄园里栽种紫罗兰，结出的葡萄果实品质会更好，大豆与蓖麻混栽，危害大豆的金龟子会被蓖麻的气味驱走。

能够友好相处的花卉种类有：百合与玫瑰种养或瓶插在一起，比它们单独放置会开得更好；花期仅一天的旱金莲如与柏树放在一起，花期可延长至3天；山茶花、茶梅、红花油茶等，与山苍子摆放在一起，可明显减少霉污病。

植物也有语言

语言应该是有意识的产物。动物有语言，这已被大多数人所接受。不管群居的还是独个流窜的，都需要与同类联络。

基本小知识

内啡肽

内啡肽亦称安多芬或脑内啡，是一种内成性（脑下垂体分泌）的类吗啡生物化学合成物激素。它是由脑下垂体和脊椎动物的丘脑下部所分泌的氨基化合物（肽）。它能与吗啡受体结合，产生跟吗啡、鸦片剂一样有止痛和欣快感，等同天然的镇痛剂。利用药物可增加脑内啡的分泌效果。

科学家发现，当植物的叶子被昆虫咀嚼时，植物身上所发生的反应与动物抑制疼痛和创伤的神经激素的反应几乎一样。在虫咬叶子时，叶子便释放出一种激素，类似于动物受到伤害时释放的内啡呔。在动物身上，这些激素帮助把一种叫作花生四烯酸的化学物质转化为前列腺素。而在植物组织里，这种激素有助于亚麻酸（相当于动物身上花生四烯酸的物质）转化为茉莉酮酸，这是一种性质和前列腺素相近的化学物质。它们对待伤痛的化学反应如此相似，在植物组织表面喷洒阿司匹林或布洛芬后，就会像在动物身上喷洒此类物质一样，都能消除伤痛反应。这是不是就是植物在喊“哎哟”呢？

在茂密的大森林里，某些植物突然感到虫咬刺痛，它会马上招呼旁边的伙伴，提防虫子。许多植物在受到伤害时，释放一种挥发性的茉莉酮酸，这是一种“体味”信号，甚至在附近的植物感到虫咬之前，这种信号就开始启动附近植物的防御系统了。

槐树会产生有毒的苦味物质，一旦槐树的树叶被羚羊或长颈鹿吃掉，这时，不仅仅被吃的槐树会产生这种物质，周围所有的槐树像是接到预报似的也都会争先恐后地释放出毒素。

西红柿抵御甲壳虫和毛毛虫叮咬的方法与槐树相似。西红柿在遭到虫咬后会产生使胃部受到损害和阻碍消化的物质，而且不仅仅是遭到虫咬的西红柿会作出这种反应，周围的同伴出于安全考虑，也都会做好对付害虫的准备。

此外，人们还发现，如果森林里一棵橡树病死或被砍伐，其周围的橡树就会互相行动起来，它们马上会结出更多的果实和种子，像是要弥补前面的损失，它们是从哪儿知道要这样做的呢？研究人员借助电极测量终于发现，被砍伐的树会产生短暂却特别高的振幅，并且在被砍伐的树木周围也同样会产生相应的振幅。

年轮是如何预报地震的

从树墩上可以看到许多同心轮纹，一般每年形成一轮，故称“年轮”。这些年轮是怎么形成的呢？原来，在树皮和树干之间，有一层特别的细胞，能不停地向外分裂出新细胞。春夏季节，它分裂出的细胞颜色浅，秋冬季节分裂出的细胞颜色深，所以就出现了深深浅浅的年轮。

年轮不仅可以告诉人们树的年龄，它还可以把大自然的变化记录在年轮上，像气候状况、地震或火山喷发等都会反映在年轮上。1899 年 9 月，美国阿拉斯加的冰角地区曾发生过两次大地震。科学家经过对附近树木年轮的分析研究，发现树木这一年的年轮较宽，说明树木这一年生长速度较快。科学家认为，这其中的内在联系是地震改善了树木的生态环境。

火山爆发在树木年轮上的记录则与地震相反。科学家发现，火山爆发时喷射出来的大量烟云和灰尘可以一直上升到同温层，并在那里停留2—3年之久。那些细小的尘埃微粒影响了阳光，使很大一部分地区气候变冷。只要连续有两个夜晚的气温降到-5℃，针叶松树干年轮上就有一圈细胞被冻得发育不良。

专家们发现针叶松上古老年轮的记录时间与历史上一些著名的日期十分吻合。公元前44年，意大利埃特纳火山爆发，这与古树在公元前42年形成的年轮十分吻合——烟云要经过两年左右才能到达美洲大陆。历史学家还曾为桑托林火山爆发的时间争论不休，但古松树的年轮证明，这次火山爆发在公元前1628—前1626年之间。

知识小链接

针叶松

为耐寒、喜光、耐干旱贫瘠的浅根性树种，喜冷凉的气候，对土壤的适应性较强，有一定的耐水湿能力，但其生长速度与土壤的水肥条件关系密切，在土壤水分不足或土壤水分过多、通气不良的地质条件下，针叶松生长不好，甚至死亡，过酸过碱的土壤均不适于生长。

我国的八种国宝植物

3月12日，是我国的植树节。我国森林覆盖率远低于世界平均值，属少林国家，但我国植物种类繁多，属世界植物种类最多的国家之一，在多达3万余种的植物当中，属国家重点保护的有354种，其中属国家一级保护的有八种，它们是我们的国宝，这八种国保植物分别是：

水杉：杉科落叶大乔木，为我国珍贵的孑遗树种之一，被世界生物界誉为活化石，野生分布于重庆万州区、湖北利川市、湖南龙山县和桑植县一带，树史可追溯至上白垩纪。

桫椤：木本蕨类植物，又称“树蕨”，既是观赏植物又是经济树种，是一种高淀粉含量的植物，产于我国南方诸省。

银杉：松科常绿乔木，为我国特有的孑遗树种，树史达 1000 万年以上，在第三纪晚期的冰川活动中几乎灭绝，仅在地处低纬度的我国西南残存，上世纪 50 年代被发现。

珙桐：珙桐科落叶乔木，为驰名世界的观赏树种，由于其花宛如栖息的鸽子，因此又被称为“中国的鸽子树”。珙桐成活率低，很难移植，故目前处于日益减少的趋势。

金花茶：山茶科小乔木，为我国最珍贵的观赏植物之一。它不仅有绚丽悦目的花朵，其叶还是高级茶料并能入药。仅产于广西昌宁县、东兴市两地，目前尚不可移植。

拓展阅读

五加科

五加科，双子叶植物，为灌木或乔木，也有相当数量的攀缘植物和少数草本。全世界约 80 属，900 多种，广布于两半球的温带地和热带地，中国有共 23 属，160 种，其中有一些种类可入药，供建筑用木材，制作家具、枕木和火柴棍，有些种类可供庭园观赏用。

人参：五加科多年生草本植物，名贵药材，是我国八种重点保护植物中唯一的草本植物。仅产于我国东北和朝鲜北部，栽植技术要求高，是有名的经济植物。

秃杉：杉科常绿大乔木，是我国最有名的建材树种之一，其木质轻软致密，纹理顺直，产于云南、贵州等地及缅甸北部，但稀少罕见。

望天树：龙脑香料常绿大乔木。顾名思义，它有望天之功，树高可达 70 余米，是世界上最好的船舶、车辆用材的树种，独产于我国西双版纳的原始森林。

传说中的吃人树

有关吃人树的最早消息来源于19世纪后半叶的一些探险家，其中有一位名叫卡尔·李奇的德国人在探险归来后说：“我在非洲的马达加斯加岛上，亲眼见到一种能够吃人的树木，当地居民把它奉为神树，曾经有一位土著妇女因为违反了部族的戒律，被驱赶着爬上神树，结果树上8片带有硬刺的叶子把她紧紧包裹起来，几天后，树叶重新打开时只剩下一堆白骨。”此后，又有人报道在亚洲和南美洲的原始森林中发现了类似的“吃人树”。

1971年有一批南美洲科学家组织了一支探险队，专程赴马达加斯加岛考察。他们在传闻有吃人树的地区进行了广泛搜索，结果并没有发现这种可怕的植物，倒是在那儿见到了许多能吃昆虫的猪笼草和一些蜇毛能刺痛人的荨麻科植物。

> **趣味点击**
>
> **瓶子草**
>
> 瓶子草属于瓶子草科，瓶子草属植物，本属植物原产西欧、北美和墨西哥等地。因为它们的筒状叶内能分泌消化液，与其贮藏的雨水相混可促使陷入筒内的昆虫溃烂。也就是说，它们是用叶子来捕捉和消化蚂蚁、黄蜂等昆虫的。

1979年，英国一位毕生研究食肉植物的权威专家——艾得里安·斯莱克，在他刚刚出版的专著《食肉植物》中说，到目前为止，学术界尚未发现有关吃人植物的正式记载和报道，就连著名的植物学巨著——德国人恩格勒主编的《植物自然分科志》以及世界性的《有花植物与蕨类植物辞典》中，也没有任何关于吃人树的描写。除此以外，英国著名生物学家华莱士，在他走遍南洋群岛后撰写的名著《马来群岛游记》中，记述了许多罕见的南洋热带植物，也未曾提到过有吃人植物。所以，绝大多数植物学家倾向于认为，世界上并不存在这样一类能够吃人的植物。

为什么会出现吃人植物的说法呢？艾得里安·斯莱克和其他一些学者认为，最大的可能是根据食肉植物捕捉昆虫的特性，经过想象和夸张而产生的；当然也可能是根据某些未经核实的传说而误传的。根据现在的资料已经知道，地球上确确实实地存在着一类行为独特的食肉植物（亦称食虫植物），它们分布在世界各国，共有500多种，其中最著名的有瓶子草、猪笼草和捕捉水下昆虫的狸藻等。

艾得里安·斯莱克在他的专著《食肉植物》中指出，这些植物的叶子变得非常奇特，有的像瓶子，有的像小口袋或蚌壳，也有的叶子上长满腺毛，能分泌出各种酶来消化虫体，它们通常捕食蚊蝇类的小虫子，但有时也能“吃”掉像蜻蜓一样的大昆虫。这些食肉植物大多数生长在经常被雨水冲洗和缺少矿物质的地带。由于这些地区的土壤呈酸性，缺乏氮素养料，因此植物的根部吸收作用不大，以致逐渐退化。为了获得氮素营养，满足生存的需要，它们经历了漫长的演化过程，变成了一类能吃动物的植物。但是，艾得里安·斯莱克强调说，在迄今所知道的食肉植物中，还没有发现哪一种是像某些文章中所描述的那样：“这种奇怪的树，生有许多长长的枝条，有的拖到地上，就像断落的电线，行人如果不注意碰到它的枝条，枝条就会紧紧地缠来，使人难以脱身，最后枝条上分泌出一种极黏的消化液，牢牢把人粘住勒死，直到将人体中的营养吸收完为止，枝条才重新展开。”这种植物被称为“奠柏”。

有些学者们认为，在目前已发现的食肉植物中，捕食的对象仅仅是小小的昆虫而已，它们分泌出的消化液，对小虫子来说恐怕是汪洋大海，但对于人或较大的动物来说，简直微不足道，因此，很难使人相信地球上存在吃人植物的说法。但一些学者认为，虽然眼下还没有足够证据证明吃人植物的存在，但是不应该武断地加以彻底否定，因为科学家（不包括当地的土著居民）的足迹还没有踏遍全世界的每一个角落，也许，在那些沉寂的原始森林中，将会有某些意想不到的发现。

猪笼草是如何吃虫的

猪笼草是有名的热带食虫植物，主产地是热带亚洲地区。猪笼草拥有一幅独特的吸取营养的器官——捕虫囊。捕虫囊呈圆筒形，下半部稍膨大，因为形状像猪笼，故称猪笼草。在中国的产地海南又被称为雷公壶，意指它像酒壶。这类不从土壤等无机界直接摄取和制造维持生命所需营养物质，而依靠捕捉昆虫等小动物来谋生的植物被称为食虫植物。

“猪笼”上方有一个盖子，幼嫩时盖子紧闭，成熟后盖子才向上翘起，里面盛有半瓶汁液，是专门用来淹死掉进去的小虫的，液面上浮着许多蚂蚁等小虫，这些虫大部分是蚂蚁，有黄的、黑的、大的、小的等不同种类的蚂蚁，有苍蝇、甲虫、蝗虫幼虫，还有蟋蟀、黄蜂、蟑螂、金龟子、鼠妇、蜗牛等，所有这些虫都有一个使它们丧命的共同特点：贪甜食。为什么喜爱甜食会送命呢？原来，猪笼草用富含糖分的蜜露设下了一个个圈套，吸引这些虫子一步步走上死亡之路。

你知道吗

金龟子

金龟子属无脊椎动物，昆虫纲，鞘翅目是一种杂食性害虫。除危害梨、桃、李、葡萄、苹果、柑橘等外，还危害柳、桑、樟、女贞等林木。常见的有铜绿金龟子、朝鲜黑金龟子等。金龟子科是鞘翅目中的一个大科，种类很多。成虫体多为卵圆形，或椭圆形，触角鳃叶状，由9～11节组成，各节都能自由开闭。体壳坚硬，表面光滑，多有金属光泽。

据观察，猪笼草食虫有三部曲：盖子的下表面密密麻麻布满了红色的小点，每一个点都是由许多能分泌蜜汁的细胞集在一起组成一个个蜜腺。在阳光下，猪笼草把叶片中合成的糖分，通过叶中部的细丝送到瓶子上，最集中的就是送到盖子的下表面，使得这里排满一颗颗晶莹剔透的蜜露。当蜜露多的时候就相互连起来，成了一层厚厚的黏稠糖水，成千上万的蚂蚁等小虫到这里可以大吃一顿，当它们把这层糖液吃光以后，便开始四下里继续寻找糖源，这就必然踏上死亡之路的第二个机关——瓶体的口部，这部分是平展的，上面还有一条条高起的棱，蚂蚁在上面边走边用触角四下里寻找蜜露，但是，脚底下只有薄薄的一层糖液，蚂蚁的口器是咀嚼式的，这种口器最适合于咬住对方打架、撕碎食物，因此，尽管遍地都是糖水，蚂蚁却没有舌头，无法舔食，当蚂蚁转身 90 度把触角伸向瓶口内时，突然触到了特别巨大的蜜露，只要吃上一滴就可以撑饱肚子了。但这 90 度的转身是致命的，原来红色的瓶口有许多条放射状分布的隆起，用扫描电镜进一步放大就会发现，每一条隆起上还有更细的几十条凹槽，每条凹槽上，方向一致地排列着许许多多浅底的口袋形的结构。千万别小看这些浅底口袋形的结构，它们是蚂蚁等丧命的最关键部分，为什么呢？当蚂蚁顺着瓶口做圆周爬行时，它腿部末端的两个尖爪能够牢牢地抓住这些袋底，这时它会觉得这个地方不打滑，没有掉下去的危险，但这时它也无法吃到糖液，当它转身 90 度，它的触角就能触到下方巨大的蜜露，与此同时它的爪子已经转到了和浅底口袋相同方向的位置，也就是说爪子已经不能抓住“袋底”了，这一瞬间的危险性蚂蚁全然不知，它正为前方的蜜露而激动，急着探头去吸食，它以为强劲的后腿可以抓住地面的袋底，不至于掉下去，当它探出身子重心移向瓶内时，突然感觉怎么后腿打滑抓不住了？实际上它的后腿已经在它转身 90 度时就处于这个位置了，当它还未明白是怎么回事时，便“扑”地掉到早已等候着它的液体中了，猪笼草就是这样用小虫喜爱吃的蜜露吸引它们一步一步踏上死亡之路，投入它早已准备好的水池中。猪笼草是植物，它生长在那里一动不动，却可以捉住跑得很快的蚂蚁和会飞会跳的许多小虫。

当人们提到“食虫植物”时大家很自然地会想到动物的进食过程，首先是吞入口腔，然后用牙齿压断、磨碎，再把磨碎的食物咽下，最后到胃、肠进行一系列的消化吸收。猪笼草没有消化系统，它对小虫的消化吸收全部在这个有盖的瓶子中进行，它也不用牙齿咬碎食物，瓶体内壁上有许多腺体，它们能分泌蛋白酶，这些酶把虫体内的蛋白质水解，分解成液体状态的含氮化合物，然后直接吸收转为自身的营养，弥补了它生活在贫瘠的土壤中氮素营养的不足，而虫体的躯壳是由几丁质组成的，猪笼草无法分解几丁质，因此我们在瓶子中看到的虫体基本上都完整无缺，实际上其中大部分已经被抽去了蛋白质，只是一个个空壳而已。

猪笼草的内壁非常滑溜，里面还有半瓶子汁液，掉到其中的小虫是无法再爬出来的，那么，它的盖子又有什么用呢？其实这是用来防雨的，大家知道热带的暴雨是很猛烈的，这个盖子相当于一把伞，既可以挡雨，又允许小虫爬进来送死。如果没有这把伞，当暴雨灌满瓶子的时候，掉下去的所有虫子不是都可以从容地逃出来了吗？这把伞是很起作用的。不单如此，盖子的内壁（下方）布满了蜜腺，这是引诱昆虫来送死的第一个机关。猪笼草的结构已完全可以抓住虫子，它需要盖子作为引诱昆虫的第一步，也需要盖子为它遮挡猛烈的热带暴雨。

猪笼草生长在热带潮湿地区，在海南岛沼泽地的水边或草丛中，在其他岛屿的山坡上甚至可以爬树到达 4 米高的地方，也可以长在陡峭而有水向下流动的山坡上，那么猪笼草是靠什么爬树呢？这就要了解猪笼草的结构了，猪笼草的每一个叶分为三部分，从茎上生出来的第一部分称为叶片，猪笼草用以引诱昆虫的糖水就是由这一部分在阳光下进行光合作用制造出来的，叶的中部变为一段铁丝般的细丝，遇到阻挡它就会缠绕上去，绕了一圈以后它的茎就可以继续向上攀爬了，猪笼草就是以这样的方式不断往上爬的。

植物睡眠之谜

植物睡眠在植物生理学中被称为睡眠运动，它不仅是一种有趣的自然现象，而且是个科学之谜。

每逢晴朗的夜晚，我们只要细心观察，就会发现一些植物已发生了奇妙的变化。比如常见的合欢树，它的叶子由许多小羽片组合而成，在白天舒展而又平坦，一到夜幕降临，那无数小羽片就成双成对地折合关闭，好像被手碰过的含羞草。

有时，我们在野外还可以看到一种开紫色小花、长着3片小叶的红三叶草，白天有阳光时，每个叶柄上的叶子都舒展在空中，但到了傍晚，3片小叶就闭合起来，垂着头准备睡觉。花生也是一种爱睡觉的植物，它的叶子从傍晚开始，便慢慢地向上关闭，表示要睡觉了。以上所举实例仅是一些常见的例子，事实上，会睡觉的植物还有很多很多，如酢浆草、白屈菜、羊角豆等。

广角镜

羊角豆的营养价值

羊角豆的营养价值相当高，包括蛋白质、维生素A、B、C，微量元素、钙、磷、钾等，而且属于低脂肪、低热量、无胆固醇食品。羊角豆含有丰富的黏液，有些人非常抗拒，他们也许并不知道，黏液里的果胶可以减低人体对其他食物脂肪和胆固醇的吸收，并帮助机体排除毒素，所以羊角豆可是当之无愧的保健蔬菜。

不仅植物的叶子有睡眠要求，就连娇柔艳丽的花朵也需要睡眠。生长在水面的睡莲花，每当旭日东升之时，它那美丽的花瓣就慢慢舒展开来，似乎刚从梦境中苏醒，而当夕阳西下时，它又闭拢花瓣，重新进入睡眠状态。由于它这种“昼醒晚睡”的规律性特别明显、故而得有“睡莲”芳名。

各种各样的花儿，睡眠的姿态也各不相同。蒲公英在入睡时，所有的花瓣都向上竖起闭合，看上去像一个黄色的鸡毛掸子。胡萝卜的花则垂下来，像正在打瞌睡的小老头。

植物的睡眠运动会对它本身带来什么好处呢？最近几十年，科学家围绕着这个问题，展开了广泛的研究。

最早发现植物睡眠运动的人，是英国著名的生物学家达尔文。一百多年前，他在研究植物生长行为的过程中，曾对69种植物的夜间活动进行了长期观察。当时虽然无法直接测量叶片的温度，但他断定，叶片的睡眠运动对植物生长极有好处，也许主要是为了保护叶片抵御夜晚的寒冷。

达尔文的说法似乎有一定道理，但缺乏足够的证据，所以一直没有引起人们的重视。20 世纪 60 年代，随着植物生理学的高速发展，科学家开始深入研究植物的睡眠运动，并提出了不少解释理论。

知识小链接

光周期

光周期是指昼夜周期中光照期和暗期长短的交替变化。光周期现象是生物对昼夜光暗循环格局的反应。大多数一年生植物的开花决定于每日日照时间的长短。除开花外，块根、块茎的形成，叶的脱落和芽的休眠等也受到光周期（指一天中白昼与黑夜的相对长度）的控制。植物对周期性的、特别是昼夜间的光暗变化及光暗时间长短的生理响应特点。

最初，解释植物睡眠运动的最广泛的理论是“月光理论”。提出这个论点的科学家认为，叶子的睡眠运动能使植物尽量少地遭受月光的侵害。因为过多的月光照射，可能干扰植物正常的光周期感官机制，损害植物对昼夜变化的适应。然而，使人们感到迷惑不解的是，为什么许多没有光周期现象的热带植物，同样也会出现睡眠运动，这一点用“月光理论”是无法解释的。

后来科学家又发现，有些植物的睡眠运动并不受温度和光强度的控制，而是由于叶柄基部中一些细胞的膨压变化引起的。如合欢树、酢浆草、红三叶草等，通过叶子在夜间的闭合，可以减少热量的散失和水分的蒸发，尤其是合欢树，叶子不仅仅在夜晚关闭睡眠，当遭遇大风大雨时，也会逐渐合拢，以防柔嫩的叶片受到暴风雨的摧残。这种保护性的反应是对环境的一种适应。

科学家提出一个又一个观点，但都未能有一个圆满的解释依据。正当科学家感到困惑的时候，美国科学家恩瑞特在进行了一系列有趣的实验后提出了一个新的解释。他用一根灵敏的温度探测针在夜间测量多种植物叶片的温度，结果发现，呈水平方向（不进行睡眠运动）的叶子温度，总比垂直方向（进行睡眠运动）的叶子温度要低 1℃ 左右。恩瑞特认为，正是这仅仅 1℃ 的微小温度差异，已成为阻止或减缓叶子生长的重要因素。因此，在相同的环境中，能进行睡眠运动的植物生长速度较快，与其他不能进行睡眠运动的植物相比，它们具有更强的生存竞争能力。

随着研究的深入，科学家还发现了植物竟与人一样也有午睡的习惯。

植物的午睡是指中午大约11时至下午2时，叶子的气孔关闭，光合作用明显降低这一现象。科学家认为，植物午睡主要是由于大气环境的干燥和火热引起的，为了减少水分散失，在不良环境下生存，植物在长期进化过程中形成了这种抗衡干旱的本能。

植物开花之谜

自然界中，一年四季都有绚丽多姿的鲜花。桃花红、梨花白，杏花粉红，金钟花灿黄……五颜六色，争芳斗艳。尤其是盛花季节，有的浓妆艳抹，有的淡雅清新，有的娇媚动人，有的大方朴素，有的线条粗犷，有的玲珑细致，美不胜收，令人陶醉。

这些娇艳芬芳的花是怎样形成的呢？在古代曾经流传着各种各样神奇的传说。其实，从生物生理学的角度来看，花和叶子没有什么差别，花就是叶子，是叶子变来的。我们现在还可以看到半叶半花的植物，叶子之所以衍变成花，其目的是为了传宗接代、繁衍子孙，这部分叶片及其中的雌蕊、雄蕊，就好比是高级动物的生殖器官。

在地球上生长着千千万万种植物，它们都在特定的条件下开放出奇花异葩。那么植物的开花究竟是受什么因素影响和控制的呢？在19世纪就有人提出，植物体内有一种特殊的“特殊物质”在左右着植物的开花。可是这个假说，经过不少科学家的探索都没有得到最后的证实。1903年，有位植物学家认为植物开花可以用人为条件控制。他把香连绒草放在弱光下栽培，只见它长啊长啊，但是就是不肯开花。后来，把它搬到了阳光充足的地方，它很快就开出了花。为什么阳光能够促使植物开花呢？为了弄清楚这个问题，他设计了一个实验，把一株植物的一部分枝条放在暗箱里，而把其余的枝条放在阳光下，经过光合作用，叶片里的糖积累多了，这株植物的所有枝条上都开了花。以后他对果树多施氮肥，结果果树反而不开花了，这说明只有细胞内糖的积累比氮多时，花朵才会开放。后来不少植物学家用其他植物作材料重复了这个试验，都得到了相同的结果。因此，糖氮比学说得到了许多人的赞同。

但是，植物学家又对植物开花提出了新的看法，1918 年有两位植物学家发现了一种马里兰巨象烟草，它不像一般烟草那样在夏天开花，而只见其生长其开花。后来把它移栽到花盆里，改放在温室中，它却在冬季开花了。是温度差异还是光照时间短在拨动着花儿的“开关”呢？于是他们继续做了两个实验：其中一人在烟草田里搭起了一间小木屋，在光照较长的 7 月里，每天下午 4 时把盆栽的马里兰巨象烟草搬到屋子里面。第二天上午 9 时再把它搬到屋子外面，不久它终于在夏季开花了。另外一个是把 1 盆同样的烟草放在温室里，每天也延长光照时间，结果却不开花。实验证明，温度高低、光照长短对植物开花起着奇妙的作用。

除了温度与光照外，影响与控制植物开花是否还有其他因素呢？1959 年又有人发现植物中有一种光敏素，能使叶子产生激素，促进植物开花。20 世纪 70 年代，植物学家又提出了植物开花与体内细胞液浓度有关的观点。1 棵苹果树要经过 4—5 年才能开花，可是植物学家却能使一年生的小苹果苗挂满鲜花。方法是在夏秋季节给它施上比平时多 3 倍的矿质肥料，树苗上的芽就能摇身一变成为花芽了。这表明细胞液的浓度越高，花朵就会开得越早。不久前又有人认为，花朵形成是由于植物生长素在幕后操纵。如果把树上幼果能长种子的果心部分切掉后，能让它留在树上，在同一短枝上又会长出新的花芽，如果在这个动过手术的果子里放 1 块浸有生长素的棉花，那么在同一短枝上就不会有花芽发生了。所以，有人认为果实种子中产生的天然素会阻止花芽的形成。不过又有实验证明，生长素只对短日照植物的开花起抑制作用，但对长日照植物的开花却起着促进作用。日本科学家还直接从一种叫作白犬荠的杂草上找到了对花朵有催放作用的物质。他们把白犬荠的花蕾、花朵和种子放在一起研碎、过滤，将各种成分一一分离，分别以 0.5% 的比例搅拌到水中，再重新浇灌到白犬荠的植株上，结果有一种成分使开花时间比正常培育的对照组早了 5 天。这种成分就是对开花起了促进作用的成花素，它作用于遗传基因，可使植物提前进入开花期。

由此可见，植物的花朵的形成是个非常复杂的生理现象，它是由多种方面的因素决定的。当然，这并不是指某一种植物，而是对所有植物而言的。即使是对单一的温度条件来说，开花植物又有高温类、中温类、低温类的区分，从对光照的要求而言，又有长日照类、短日照类、中日照类的区分。只要我们掌握了这些规律，就可以人为地调节这些因素改变植物开花时间。

基本小知识

光敏素

光敏素，是植物体内的一种蛋白色素。有钝化型和活化型两种形式，分别吸收红光和远红光而相互转化。植物主要通过这种色素接收外界的光信号来调节本身的生长和发育。

植物的血液和血型

人们都知道，人和动物都有血液，但很少有人知道植物也有“血液”。在世界上许多地方，都发现了洒“鲜血”和流“血”的树。

我国南方山林的灌木丛中，生长着一种常绿的藤状植物——鸡血藤。它总是攀缘缠绕在其他树上，每到夏季，便开出玫瑰色的美丽花朵。当人们用刀子把藤条割断时，就会发现，流出的液汁先是红棕色，然后慢慢变成鲜红色，跟鸡血一样，所以叫“鸡血藤”。经过化学分析，发现这种“血液”里含有鞣质、还原性糖和树质等物质，可供药用，有散气、去痛、活血等功用。它的茎皮纤维还可制造人造棉、纸张绳索等，茎叶还可做灭虫的农药。

南也门的索科特拉岛，是世界上最奇异的地方，尤其是岛上的植物，更是吸引了世界各地的植物学家。据统计，岛上约有 200 种植物是世界上任何地方都没有的，其中之一就是龙血树。它分泌出一种像血液一样的红色树脂，这种树脂被广泛用于医学和美容。这种树主要生长在这个岛的山区。关于这种树，在当地还流传着一种传说，说是在很久以前，一条大龙同这里的大象发生了战斗，结果龙受了伤，流出了鲜血，血洒在这种树上，树就有了红色的“血液”。

英国威尔士有一座公元6世纪建成的古建筑物，它的前院耸立着一株700多年历史的杉树。这株树高7米多，它有一种奇怪的现象，长年累月流着一种像血一样的液体，这种液体是从这株树的一条2米多长的天然裂缝中流出来的。这种奇异的现象，每年都吸引着数以万计的游客。这棵杉树为什么流“血”，引起了科学家的注意。美国华盛顿国家植物园的高级研究员特利教授对这棵树进行了深入研究，也没找到流“血”的原因。

广角镜

鞣质

鞣质，又称单宁，是存在于植物体内的一类结构比较复杂的多元酚类化合物。鞣质能与蛋白质结合形成不溶于水的沉淀，故可用来鞣皮，即与兽皮中的蛋白质相结合，使皮成为致密、柔韧、难于透水且不易腐败的革，因此称为鞣质。鞣质存在于多种树木（如橡树和漆树）的树皮和果实中，也是这些树木受昆虫侵袭而生成的虫瘿中的主要成分，含量达50%～70%。

说来有趣，关于植物的血型，竟是日本一位搞警察工作的人发现的。他的名字叫山本，是日本科学警察研究所法医，第二研究室主任。他是在1984年5月12日宣布这一发现的。

一次，有位日本妇女夜间在她的居室死去，山本赶到现场，一时还无法确定是自杀还是他杀，便进行血迹化验。经化验死者的血型为O型，可枕头上的血迹为AB型，于是便怀疑是他杀。可后来一直未找到凶手作案的其他佐证。这时候有人随便一说，枕头里的荞麦皮会不会是AB型呢？这句话提醒了山本，他便取来荞麦皮进行化验，果然发现荞麦皮是AB型。

这件事引起了轰动，促进了山本对植物血型的研究。他先后以500多种植物的果实和种子进行观察，并研究了它们的血型，发现苹果、草莓、南瓜、山茶、辛夷等 60 种植物是 O 型，珊瑚树等 24 种植物是 B 型，葡萄、李子、荞麦、单叶枫等是 AB 型，但没找到 A 型的植物。

根据对动物界血型的分析，山本认为，当糖链合成达到一定的长度时，它的尖端就会形成血型物质，然后合成就停止了，也就是说血型物质起了一种信号的作用。正是在这时候，才检验出了植物的血型。山本发现，植物的血型物质除了担任植物能量的贮藏外，由于本身黏性大，似乎还担负着保护植物体的任务。

人类血型，是指血液中红细胞膜表面分子结构的型别。植物有体液循环，植物体液也担负着运输养料、排出废物的任务，体液细胞膜表面也有不同分子结构的型别，这就是植物也有血型的秘密所在。但植物体内的血型物质是怎样形成的，以及植物血型对植物生理、生殖及遗传方面的影响，到现在还没完全弄明白，需要人们继续研究探讨。

你知道吗

辛　夷

辛夷是中药材，又名木笔，主要是木兰科落叶小灌木植物紫玉兰或望春玉兰、玉兰、武当玉兰的花蕾，也可以指其他木兰属植物的花蕾。主产于中国河南、陕西等地。生用。

植物会出汗吗

在夏日的早晨，我们会在许多植物的叶子上看到流出的滴滴汗珠，亮晶晶的，犹如光芒四射的珍珠一般。

许多人会把这些亮晶晶的“珍珠”误认为是露珠。其实，露水固然有，但植物的汗水也是名副其实的。

白天，植物在阳光下进行光合作用，叶面上的气孔张开着，既要进行气体交换，也要不断蒸发出水分。可到晚上，气孔关闭了，而根仍在吸水。这样，植物体内的水分就会过剩，过剩的水从衰老的、失去关闭本领的气孔冒出来，这种现象，植物学上就叫作“吐水”。除此之外，植物还有一种排水腺，叫它“汗腺”也可以。这也是排放植物体内多余水分的渠道。

植物的“汗”一般在夏天的夜晚流出，有时在空气潮湿、没有阳光的白天也会出汗。化验一下就知道，植物的汗水里含有少量的无机盐和其他物质，它与露水是有区别的。

植物的吐水量因品种不同而有差异。据观测，芋头的一片幼叶，在适合的条件下一夜可排出150滴左右的水，一片老叶更能排出190滴左右的水，水稻、小麦等的吐水量也较大。

如果说植物的发烧通常是病理现象的话，那植物出汗却是一种生理现象，是为了保持植物体内的水分平衡，是为了使植物能正常生长。

广角镜

芋头的贮存方法

将芋头放置于干燥阴凉的地方且要通风。在购买之后尽可能快点将它食用完，因为芋头容易变软。芋头不耐低温，故鲜芋头一定不能放入冰箱，在气温低于7℃时，应存放于室内较温暖处，防止因冻伤造成腐烂。

植物的“眼睛”在哪儿

植物虽然没有明显的视觉器官，但科学家发现在植物叶子内有好像视网膜的东西，它叫感光器，它就是植物的“眼睛”。依靠感光器感觉光的存在、光的强度、方向以及颜色的比率。

植物学家通过几十年的研究，认为植物利用光远远不只是进行光合作用，它还能获得周围环境的信息。通过实验证明，植物利用感光器不但能测量几种光线中每一种光的多少和强弱，还能测量某些光线的比率。植物通过测量红光和红外光的比率便能“看见”其他植物的叶子挡住了自己的身子。即使植物长得稀稀疏疏，距离比较远，也无法触及它们，但也能感觉到这些“邻居”的存在，并能作出微妙的反应。多年前，植物生理学家对阿拉伯芥（一种小型芥菜）的一次实验发现，这种芥菜有三种感光器：光敏素、向光素和隐花色素。通过光敏素能感觉到邻近植物及其颜色；向光素能控制植物对蓝光的反应，如叶子表面微小气孔的张开和关闭；隐花色素对调控茎的生长、开花、结果起着重要的作用。

> **趣味点击　隐花色素**
>
> 隐花色素或称蓝光/紫外光－A受体，是指能够感受蓝光和近紫外光（330～390nm）区域的光的一种受体，是植物中对蓝光诱导的反应，不同于光敏色素的另一个吸光色素系统。在藻类、真菌、苔藓、蕨类和种子植物中都发现了隐花色素的存在。

1998年，美国植物生理学家史蒂夫·A. 凯和他的小组最先在植物体中鉴别出同步生理时钟的感光器，那些分子被证实是我们已经熟知的光敏素和隐花色素。但最近研究人员发现，即使缺少主要的光敏素和隐花色素的植物也能测量时间，所以，从中可以知道一定还有其他的感光器存在。

植物有触觉吗

我们一直有这样的错觉，无论我们怎么砍杀植物，它们都会默默忍受，毫无反应。难道它们没有感觉吗？答案是否定的。

植物虽然不像动物一样反应灵敏，但也是生命体，既是生命体，当然是有感觉有反应的。

有一种食肉植物叫捕蝇草，每当昆虫掠过它的触须时，它的下巴就会合上。那倒霉的昆虫，便成了它的下酒菜。

达尔文说，植物的这种行为是模仿了动物的神经反应系统。伦敦大学的桑德森根据达尔文提示，给捕蝇草绑上电极，他吃惊地发现，每当捕蝇草触须被碰到，便产生出类似动物神经冲动的电脉冲。当然，植物与动物反应速度差距比较大。动物神经冲动的传播速度在每秒 100 米左右，而植物的传播速度只有每秒 3 米左右。

捕蝇草

基本小知识

电脉冲

电脉冲是电子产生的一个脉冲，脉冲就是在很短时间内变一次电压的过程。由电容或者是间歇源产生的非稳态电流场，我们通常用的交流电就可以看成是一种脉冲电流，而其中的一个周期过程就可以看成一个电脉冲。

不过，也有反应快的。你一碰雨林里的含羞草，它几秒钟就会缩为一团。乌干达的怕羞树树干上有上千个“疤痕”，你只要触及其中的任何一个，它那修长的树枝就会弯曲下来，宛若一个怕羞的少女。

目前，在 17 个不同科目植物中，大约有 1000 种具有触觉。植物的触觉来自于所有植物的祖先——细菌。正是因为有细菌存在，植物才有了感知。美国韦克福雷斯特大学的贾菲教授发现，每天对植物的茎抚摸敲击几秒钟，就足以促使植物枝干密度加强，因为植物把外部刺激当成了自然界环境变化，它认为或觉得自己必须加强强度，才能适应环境新变化。

植物被触摸后，其基因生成提高钙含量的蛋白质。而这种蛋白质的增多，又相应提高了钙的含量，使触摸后的植物硬度明显增强。

毫无疑问，植物是有感觉的。莫斯科农科院科研人员把植物根部置入滚烫的热水中，仪器里立即传来植物绝望的惨叫声。美国斯坦福大学的戴维斯发现，植物被触碰攀折时，都会以特有方式表示疼痛。而当它们疼痛时，体内有五种基因被激活，这些基因会妨碍植物生长。这点不难理解，我们看到受压迫或折磨的植物，一般就是长得又矮又小。

这个发现对实践还是很有用的。日本人在移种甜菜秧苗时，就用扫帚拍打，使秧苗更加坚实。一些园丁也故意摇曳盆景里的树，使其长得更加小巧玲珑。斯坦福大学的戴维斯还发现，向植物喷水也可以使植物少生长三分之一左右，因为植物把喷水刺激也当成了触摸，于是将很大一部分能量转移到茎干，抵御来自外部的触摸。

植物的发光现象

我们知道在动物界中，有一种会发光的神奇小昆虫，名叫萤火虫，当它们在夜空中飞行时，犹如无数盏时明时暗的小灯，在夜空中流动。有趣的是，植物界中也有不少成员具备发光的本领，它们中既有肉眼看不见的藻类植物，也有高大的乔木。

太平洋西部的新几内亚岛，是16世纪被人发现的，岛上除了莽莽苍苍的原始丛林外，只有少数黑皮肤的土著人。

大约300年后，荷兰远征军入侵该岛，在那儿建立了一块殖民地。由于当地的土著人勇敢好斗，经常躲在暗处用毒箭袭击入侵者，荷兰人感到处境困难，为了保证安全，他们在沿海附近建立了一座城堡，取名为巴博城。

建城两个月后的一天下午，天空中乌云密布，到了晚上，更是漆黑一片，伸手不见五指。海滩上的荷兰卫兵，在狂风呼啸、海涛怒吼的环境中，战战兢兢地持枪执勤，全神贯注地望着远方。突然，他的目光被海岸上出现的微弱光点所吸引，那光点渐渐向他逼近，形成了一长串。过了片刻，卫兵前去查看，四周空无一人，沙地上却留下一串串发光的亮脚印。

这个恐怖现象使巴博城的居民人心惶惶，大家一致认为，只有魔鬼才能留下这样可怕的亮脚印。正当人们为此议论纷纷时，另一位荷兰士兵通过自己的亲身经历，解开了魔鬼脚印之谜。

同样是一个风雨交加的夜晚，那个荷兰士兵去海边查看船只是否拴牢，这时，城堡上的人惊奇地看见，在他的身后也留下了一串亮脚印。于是大家都怀疑他与鬼魂有来往，甚至嚷着要杀死他。可出人意料的是，立即奉命去跟踪他的其他士兵，在潮湿的海边沙滩上也都留下闪闪发光的脚印。这一下大家才知道，凡是在这样的风雨之夜，无论是谁在海滩上行走，均会留下发光的脚印，而魔鬼是不存在的。

大家一定会感到奇怪，脚印怎么会闪亮发光呢？

原来，在大海之中生存着1000多种极微小的植物和动物，它们有与众不同的特性，就是身体能放出荧荧的亮光，科学家给它们起名为发光生物，它们的细胞内常含有荧光酶或荧光素，当遇到触动刺激或氧气十分充足时，便产生光亮。

大多数发光生物都需要生活在有水的环境中，大海对它们来说真是最理想的生活天地。海洋中最常见、数量最多的是一种藻类植物——甲藻，它们小得肉眼看不见，有时在大海中出现神奇的绚丽光焰，就是它们的杰作。当大量的甲藻被海浪抛上岸，并没有马上死去，而是静静地躺在潮湿的沙滩上“休息”，这时如果有人沿岸而行，它们受到人脚触动刺激后会重新发光，于是，便在人的身后留下一串“魔鬼亮脚印”。

海洋中有会发光的植物，陆地上也不例外。

在山区的夜晚，偶尔能见到远处的朽木在闪闪发光。这是怎么回事？原来，在枯树烂木中，常常腐生着一些腐败细菌，它们的菌丝遇到空气中的氧，会产生一系列化学反应，并发出光亮。

除了朽木，生长旺盛的树也会发光。日本有一种小乔木，树皮上寄生着会发光的大型菌类植物，每逢夏季来临，它们在树上闪闪发光，夜晚时远远望去，好像无数星星点点的荧光。在非洲北部有一种树，不管白天黑夜都会发光，开始，人们不知道它的底细，恐惧地称它为“恶魔树”，后来才发现，这种树的根部贮存着大量磷质，同氧气一接触，就整天发光了。

在我国也有不少会发光的树。1961 年，江西省井冈山地区发现了一种常绿阔叶的“夜光树”，当地居民叫它“灯笼树”。这种树的叶子里，含有很多磷质，能放出少量的磷化氢气体，一进入空气中，便产生自燃，发出淡蓝色的光。尤其在晴朗无风的夜晚，这些冷光聚拢起来，仿佛悬挂在山间的一盏盏灯笼。

江苏省镇江市丹徒区曾有棵奇怪的柳树，每逢漆黑的夜晚就会闪烁出淡蓝色的光芒，即使在狂风暴雨之夜，也不熄灭。这个奇怪的现象，引出了许多迷信传说。后来经过科学家研究，发现柳树放光原来是真菌耍的把戏。这种真菌叫假蜜环菌，因为它能发光，又叫亮菌。不管是树木、蔬菜和水果，只要着生了亮菌，都变成发光植物了。

在发光植物中，最有趣、最美丽的要数“夜皇后”发光花了。这种植物生长在加勒比海的岛国古巴，每当黄昏降临时，它的花朵开始绽放，并星星点点地闪烁明亮的异彩，仿佛无数萤火虫在花朵上翩翩飞舞，美丽极了。有意思的是，一旦沉沉的黑夜逝去，它的花朵好像完成了历史使命，很快就凋谢了。也许正因为这种特殊的习性，人们送给它一个美丽的名称——夜皇后。

夜皇后为什么会在夜间闪闪发光呢？原来，这种花的花瓣和花蕊里，聚集了大量的磷。磷与空气接触就会发光，遇上阵阵吹来的海风，磷光变得忽明忽暗，很像萤火虫在闪光。这时，夜晚出来活动的昆虫，见到光亮，向花儿飞去，帮助夜皇后传播花粉，繁衍后代。夜皇后的花朵放光，实际上也是它适应环境的一种特别手段。

拓展阅读

荧光素

荧光素是具有光致荧光特性的染料，荧光染料种类很多。目前常用于标记抗体的荧光素有以下几种：异硫氰酸荧光素，四乙基罗丹明，四甲基异硫氰酸罗丹明，酶作用后产生荧光的物质。

植物发光的确是难得一见的新奇事，因此常常引起许多迷信说法，使人感到恐惧不安。其实，对它们真正了解后，非但不可怕，对我们人类反而大有用处。

这样的例子有很多，例如，在人体伤口涂上感染发光细菌，到了夜晚，伤口处会发出荧光，控制其他有毒细菌繁殖，促使伤口加快愈合。药物学家在试验麻醉剂等药物效用时，也常常用发光细菌发的光度作为指标。近年来，人们还用亮菌制成各种药品，用来治疗胆囊炎、急性传染性肝炎等疾病，效果令人满意。

会“听”音乐的植物

动物具有听觉，对音乐有所反映是很易理解的。令人惊异的是，植物居然也能欣赏音乐。不仅如此，有时让它们欣赏音乐后还会产生奇妙的效果，促进这些植物的生长。

在西双版纳生长着一种会听音乐的树。当人们在树旁播放音乐，树的枝干就会随音乐的节奏而摇曳启动，树梢上的树枝树叶，则会像傣族少女在舞蹈中扭动肢腕一样，随音乐做 180 度的转动。音乐停止，小树如同一个有经验的舞人，立即停止舞蹈，静了下来。有人对这种“音乐树”做了细致观察：在播放轻音乐或抒情歌曲时，小树的舞蹈跳得越发起劲，音乐越优美动听，舞蹈越婀娜多姿。但当响亮的进行曲奏起，或是让小树听某种嘈杂或震耳的音响，小树的舞蹈马上会停下来。

对植物听音响所产生的效果，也有不少有趣的报道。据说，法国科学家曾做过如下的试验：通过耳机向正在生长中的番茄播放优美的轻音乐，每天播放 3 小时。欣赏音乐的番茄竟长到每株产量增加一倍多。不光是番茄，其他不少植物也似乎有音乐细胞，英国科学家用音乐刺激法，培育出了十几斤重的大卷心菜；苏联人用类似的办法种出了 2.5 千克重的萝卜，像足球那么大的甘薯和蓝球大小的蘑菇。1958 年，我国有人用超声波音乐处理小麦、玉米、水稻和棉花，其结果是小麦的种子出芽率、水稻出苗率都大大提高，各种作物的生长期则有所缩短，并增了产，棉花则提前吐絮。

这些事情听起来很神秘，不少试验结果还有待用科学方法进一步验证，但从科学上看，它们并非天方夜谭，而是有一定的理论依据的。

科学研究表明，音乐是一种有节奏的弹性机械波，它的能量在介质中传播时，还会产生一些化学效应和热效应。当音乐对植物细胞产生刺激后，会促使细胞内的养分受到声波振荡而分解，并让它们能在植物体内更有效地输送和吸收，这一切都有助于植物的生长发育并使它增产。我国一些科学家通过研究发现：在一般情况下，苹果树中的养料输送速度是每小时平均几厘米，在和谐的钢琴曲刺激下，速度提高到了每小时一米以上。科学家还发现，适当的声波刺激会加速细胞的分裂，分裂快了自然就长得快，长得大。

趣味点击

摇滚乐

早期摇滚的音乐来源非常广泛，主要的包括布鲁斯、R&B和乡村音乐，其他还有福音音乐、传统的流行乐、爵士乐以及民间音乐。所有的这些影响加在一起构成了一种简单的以布鲁斯为基础的歌曲结构，它是快速的、适于跳舞的而且容易被人记住的。

不过任何事都有个限度，过强的声波不但无益反而有害，它会使植物细胞破裂以至坏死。噪声的破坏力当然更大，美国科学家曾做过某种对照实验，把20多种花卉均分成两组，分别放置在喧闹与幽静两种不同环境中，进行观察对比。结果表明，噪音的影响能使花卉的生长速度平均减慢百分之四十左右。人们还发现这样的现象，在噪声强度为140 分贝以上的喷气式飞机机场附近，农作物产量总是很低，有不少农作物甚至会枯萎，同样是这个道理。

许多人还指出摇滚乐对动植物有巨大危害，美国的科学家曾做过一些实验：在摇滚乐作用下，植物会枯萎下去，动物会渐渐丧失食欲。它对人的危害也相当厉害，不仅能导致人听力下降、精神萎靡或诱发胃肠溃疡等疾病，甚至有人认为有些地区（如美国）青年人自杀率增高，闹事频繁，都与摇滚乐的风行有关。

而且更为有意思的是，植物也和人一样，喜欢听恭维话。在德国某个公司的科学家曾经做过有趣的试验，这个试验里的主人公是番茄。科学家把番茄分成两组种植，这两组番茄所用的土壤、水分、肥料等条件完全相同，而唯一的区别是甲组番茄每天受到“您好”、“祝您长得壮实美好”等热情问候，而乙组番茄却没有受到热情问候。结果甲组番茄长得非常茂盛，产量比乙组番茄高了22%，可见两组的区别有多大。

植物也发烧

人在生病的时候不一定都发烧。而只要发烧，那就是有病的讯号，那就应当找寻发烧的原因。

科学家发现，植物也会“发烧”。有趣的是植物的发烧通常也表明它有病了。譬如，不少农作物的体温只比周围的气温高2℃～4℃，若是更高，就表明它出问题了。是什么原因引起植物发烧的呢？科学家仔细观察后发现，植物的病害往往先损害根部，这就影响根对营养的吸收，营养不足会引起发烧。植物因缺水而“渴”得厉害的话，也会发起烧来。实验表明，有病害的植物叶子比正常的植物叶子温度要高3℃～5℃。

通过观测植物的体温，我们就能根据实际情况，该浇水时浇水，该治病时治病，以便让植物能健康地成长。

奇异的植物嗅觉

植物有嗅觉，这在许多人看来可能是一件不可思议的事情。看看下面的实例：

1980年春天，阿拉斯加原始森林中的野兔突然多了起来。它们啃食植物嫩芽，破坏树木根系。为了保护森林，必须消灭野兔。然而，尽管人们想方设法追击围捕，却收效甚微，兔子繁殖的数量有增无减。眼看着大量森林就要遭到毁灭。就在这时，野兔却又突然间集体生起病来，拉肚子的拉肚子，病死的病死，几个月过后，野兔的数目急剧减少，最后竟在森林中消失得无影无踪了。这到底是什么原因呢？

科学家经过调查研究发现，这片森林中凡是被野兔咬过的树木，在它们相继长出的嫩芽和嫩叶中，都无一例外地产生了一种名叫萜烯的化学物质，就是这种物质产生的特殊气味诱使众多的野兔，开始就餐于新近长出的嫩枝叶，而正是这种萜烯物质使野兔们生病，以致死亡，最终离开了森林。森林利用自己的力量战胜了野兔。

相类似的事情在 1993 年又发生了。在美国东北部的 400 万公顷橡树林里，由于舞毒蛾的大量繁衍，橡树叶子被啃得精光。可奇怪的是，第二年，那里的舞毒蛾突然销声匿迹了。橡树叶子恢复了盎然生机。科学家通过分析橡树叶子化学成分的变化发现，在遭受舞毒蛾咬食之前，橡树叶子中所含的单宁物质数量并不多；而在遭到咬食后，此类物质的含量却迅速提高。舞毒蛾吃了含有大量单宁的树叶后，不仅浑身感到不舒服，而且行动变得呆滞迟缓。于是，害虫不是病死，就是被鸟类吃掉了。

知识小链接

单 宁

单宁又称单宁酸、鞣质，存在于多种树木（如橡胶树和漆树）的树皮和果实中，也是这些树木受昆虫侵袭而生成的虫瘿中的主要成分，含量可达 50% ~ 70%。单宁为黄色或棕黄色无定形松散粉末，在空气中颜色逐渐变深，有强吸湿性；不溶于乙醚、苯、氯仿，易溶于水、乙醇、丙酮，水溶液有涩味。

更令人惊奇的是，美国华盛顿大学的植物学专家还发现：当柳树受到毛毛虫咬食时，不但受到咬食的柳树会产生抵抗物质，而且还可以使 3 米以外，根本没有受到侵害的柳树也随之产生出抵抗物质。这种现象说明，植物在受到外来伤害时，能够产生化学物质，通过空气的传导发出“警报”，形成集体自卫。这实际上意味着植物具有十分敏感的嗅觉。荷兰瓦赫宁恩农业大学的科学家马塞尔·迪克证实，当植物受到害虫的攻击时，就能分泌出一种气味来提醒其他植物开始产生害虫讨厌的气味。迪克使用风筒将受攻击的植物发出的气味引向健康的植物，健康的植物在“闻到”警告后，便迅速开始释放特殊气味。

迪克还发现，当利马豆受到红叶螨的攻击时，它便释放出一组化学物质，其中包括甲水杨酯，它可以吸引食肉螨赶来吃掉红叶螨。一些玉米、棉花和番茄植株同样可以发出独特的信号，引来害虫的天敌。玉米一旦受到毛虫的侵害，几个小时后就会释放出一种寄存于松香中、使松香具有一种特殊气味的化学物质，这种化学物质很快就会招来一种寄生性的黄蜂。黄蜂很快便在毛虫的身上产卵，卵一旦孵化出幼虫后，它们就会从体内将毛虫吃掉。有一种豆类，当蛛螨开始侵袭它时，也和玉米一样释放一种挥发性的化学物质，招来捕食蛛螨的救兵——螨虫。而对棉花幼苗，只要“邻居”发出求救的信号，它们则感到自己面临侵袭的危险，于是跟着发出求救信号，召集“盟友”，严阵以待，共同对敌。在佐治亚的实地实验中，科学家发现黄蜂可以接收遭受烟青虫攻击的植物发出的信号，黄蜂是很喜欢吃烟青虫的。黄蜂径直飞向这些植物，而不理会那些正被其他害虫啃食的植物。

> **你知道吗**
>
> **螨 虫**
>
> 螨虫属于节肢动物门蛛形纲蜱螨亚纲的一类体型微小的动物，身体大小一般都在0.5毫米左右，有些小到0.1毫米，大多数种类小于1毫米。螨虫和蜘蛛同属蛛形纲，成虫有4对足，一对触须，无翅和触角，身体不分头、胸和腹三部分，而是融合为一囊状体，有别于昆虫。

其实，植物从还是种子时，就具有敏感的嗅觉了。即便是埋在土里的最微小的种子，也能闻到烟雾里促进其发芽的化合物。这可能是大自然用来保证生命在森林大火后得以延续的途径。在南非纳塔尔大学和柯尔丝滕博施国家植物园工作的英国科学家发现，如果把植物种子浸泡在水中，而水里又充满了烟雾中的化合物的话，那么有许多种子在完全黑暗的环境中也能发芽。

番茄和其他浆果植物，在邻近植物受到袭击时，都特别擅长发挥“闻”的本领。植株在感到它身处险境时，便把更多的能量用于促进果实生长，以保证果实能够存活下来。冬青上繁茂的浆果和路边灌木丛中的黑莓，都是植物对污染和压力做出反应的结果。

可以改变味觉的植物——神秘果

神秘果属灌木，英文名为 Mysterious Fruit（神秘水果）或 Miracle Fruit（不可思议的水果）。

神秘果原产于热带西非，其神奇在于可把酸柠檬变为甜柠檬，且芳香无比，食后甜度味觉留存口腔内可达 30 分钟之久。由于神秘果肉中含有神秘果素，是一种叫“糖朊”的活性蛋白，能改变人的味觉，吃酸的食物也还觉味甜。因此神秘果可能提供制成酸性食品的助食剂，或制成可满足糖尿病患者需要甜味的变味剂。

神秘果

神秘果每年有 2 次明显的花果期，即 2—3 月开花，4—5 月果子成熟，4—5 月第二次开花，6—7 月果子成熟。成熟的果粒是深红色的小果，里面有一粒种子和小量白色甜味的果肉。此种神秘果若以盆栽方式种植，亦可开花结果，是一种很具趣味性的观赏兼食用的果树。

神秘果树高可达 2 ~ 5 米，生长缓慢，以盆栽植 4 年生之树高可达 60 ~ 80

厘米，树形略呈尖塔形。

初叶为浅绿色，老叶呈深绿或墨绿色，叶形略似细叶榄仁，呈倒披针形或倒卵形，多数从生枝端或主干互生，叶脉明显，侧脉互生，叶缘微有波浪形。花开叶腋，白色小花，径仅 0. 65 ~ 0. 75 厘米，全年开花，花期 4—6 周，花有淡淡椰奶香味。花后结果，为绿色椭圆体浆果，长约 2 ~ 3 厘米，径约 1 厘米，成熟后呈鲜红色。

神秘果种子由果肉包覆，种子约占果实的二分之一，头尾略尖，如小橄榄状，果肉可供食用，果肉去除后之种子一半为深褐色之光滑表面有如释迦果种子，另一半为由果肉留下的一层薄膜包覆，难以去除，遂有阴阳子之称。

广角镜

释迦果

为番荔枝科番荔枝属多年生半落叶性小乔木植物，为热带水果，果实清甜，果肉乳白色，以其独特香味，被列为热带名果之一。成熟果呈淡绿黄色，外表被以多角形小指大之软疣凸起（有许多成熟的子房和花托合生而成），恰似佛头，故有佛头果、释迦果之称。

为什么甘蔗下段比上段甜

甘蔗在成长过程中，要不断消耗养分。也就是说，甘蔗本身制造出来的糖类，大多用在促进甘蔗生长上，所留下来的糖分并不多。小甘蔗在生长时，需要吸收养分。它本身制造出来的糖分，由于植株小，本来就不太多，而且这不太多的糖分还要用于自身生长需要，所以小甘蔗上下都不甜。

甘蔗长大后，一方面制造出来的糖分增加，另一方面消耗养分减少，多余的糖分就贮藏在甘蔗的下段部分。所以成熟的甘蔗，都是下段比上段甜。

另外，由于甘蔗叶片要进行光合作用，需要大量水分，而甘蔗本身的水分大多在叶子附近，根部反而比较少，这样根部糖分的浓度比较高，我们吃起来，也就更觉得甜了。

为什么不易见竹子开花

竹子与水稻、小麦一样，属于禾本科植物。全世界竹类植物有 70 多属 1200 多种，对水热条件要求高，主要分布在热带及亚热带地区，少数竹类分布在温带和寒带。作为禾本科植物，稻、麦等作物开花各有其时，但竹子开花并不常见，这是什么原因呢？原来，有花植物是有生活周期的。从种子开始，经萌芽、生根、生长、开花、结实，最后产生种子，这叫完成一个生活周期。有的植物在一年或不到一年的时间里，完成一个生活周期，植株随之死亡，这类植物属于一年生植物；有的植物在两年或跨两年的时间里，完成一个生活周期，植株随之死亡，这类植物属于二年生的植物；有的植物要经过几年生长以后，才开始开花结实，但植株却能活多年，这类植物属于多年生植物。竹子虽能生活多年，但不像常见的多年生植物那样在一生中可多次开花结实，而是只开花结实一次，结实后植株就死亡，因此属于多年生一次开花植物。因此，我们就不容易见到竹子开花了。

基本小知识

禾本科植物的用途

禾本科是种子植物中最有经济价值的大科，是人类粮食和牲畜饲料的主要来源，也是加工淀粉、制糖、酿酒、造纸、编织和建筑方面的重要原料。除了荞麦以外，几乎所有的粮食都是禾本科植物，如小麦、稻米、玉米、大麦、高粱等。

耐寒植物的花朵为何发热

冰天雪地的北极地区，几乎终年严寒酷冷，即使在比较温暖的季节，气温也常常低于冰点。然而那儿的植物却能在冰雪中开花，更令人奇怪的是，它们的花朵之内要显得更温暖一些，好像装有恒温器的暖房那样，温度总比外界要高一些。这是一个令人着迷的问题，也是一个使科学家百思不得其解的谜。

拓展阅读

仙女木

仙女木为矮小常绿半灌木；茎丛生或稍匍匐地面。单叶互生，边缘外卷，全缘至近羽状浅裂，下面白色；托叶贴生于叶柄，宿存。花茎细，直立，仅生1朵两性花，少。为杂性花；萼筒短，凹下，有腺毛，萼片6～10，宿存；花瓣，白色，有时黄色，倒卵形；雄蕊多数，离生，成2轮；花盘和萼筒结合；心皮多数，离生，花柱顶生，胚珠1个。

20世纪80年代初，三位瑞典伦德大学植物生态系的植物学家克捷尔伯雷、卡尔森和卡斯托森，发现北极大部分植物的花朵，几乎都有追逐太阳的习性，这会不会与花朵内温度提高的现象有关呢？于是他们用仙女木花做了一个有趣的实验。科学家先用细铁丝固定仙女木花的花萼，阻止它的向阳运动，然后在花朵上安放一个带有细铁丝探针的温差电阻束测定温度。当旭日东升气温升高时，被试验的花朵与未被试验花朵内的温度相比要低0.7℃。于是这几位植物学家认为，北极气候寒冷，花朵的向阳运动，能像孵卵器那样聚集热量，有利于结果和种子的孕育。

但是，美国加利福尼亚大学洛杉矶分校的植物学家丹·沃尔和他的研究小组最近发现，有一种叫臭菘的极地植物，长着一片漏斗状的佛焰苞，把中央的肉穗花序裹得严严实实。特别是在为期两周的开花时间内，佛焰苞内的温度总是恒定保持在22℃。用瑞典植物学家植物向阳运动的理论，显然无法解释这一奇怪的现象。那么臭菘是怎样产生热量的呢？又是怎样来调节体内“温床”的呢？花朵发热对自身究竟有何好处呢？

经过一系列的研究测定，他们发现在臭菘植物体内存在着一种特殊的结构——乙醛酸体，它能进行特殊化学转化活动，当臭菘植物体内的脂肪转变成碳水化合物后，乙醛酸体释放出的能量就可以被花朵中的“发热细胞”所利用。

正当他们要进一步证明这一论点时，丹·沃尔又从另一种叫喜林芋的植物“热”花朵中，发现它并不存在脂肪转换为碳水化合物的任何迹象，甚至连那些与转化过程有关的酶都没能找到。但是，他发现在花朵的雄性不育部分中，有一些变态的“发热细胞”内充满脂肪。这一惊人的发现意味着植物能够直接利用脂肪，而不需要通过转变成碳水化合物的过程，很显然，臭菘和喜林芋用两种不同的方式产生热量。可是，这种“发热”的本领对植物有什么意义呢？

基本小知识

酶

酶早期是指在酵母中的意思，指由生物体内活细胞产生的一种生物催化剂。大多数由蛋白质组成（少数为 RNA）。能在机体中十分温和的条件下，高效率地催化各种生物化学反应，促进生物体的新陈代谢。生命活动中的消化、吸收、呼吸、运动和生殖都是酶促反应过程。酶是细胞赖以生存的基础。细胞新陈代谢包括的所有化学反应几乎都是在酶的催化下进行的。

对于这个问题，丹·沃尔提出，花朵内有了充裕的热量，就能大大加速花香四溢，对甲虫、飞蛾一类的传粉使者有极大诱惑力。虽然臭菘的“花香”同粪臭或尸臭几乎无异，使人闻之作呕，但这种气味正好引诱那些爱好臭味的昆虫，招引它们前来传播花粉。

丹·沃尔的论点引发了学者们的争论。美国植物学家罗杰·克努森认为，在臭菘植物中，提高局部温度不仅仅是为了引诱昆虫，更重要的是为了延长自身的生殖时期。当这类原来祖居热带的植物来到北方时，随身带上这套特殊的加热系统，方能在寒冷的异乡有足够的时间来从容不迫地开花、结果和产生种子。再说，如果用加热促使花香或花臭气味散发来引诱昆虫的论点来解释的话，喜林芋不会散发出浓烈的气味，加热似乎并不能为它带来任何好处。

对此，丹·沃尔辩解说，昆虫的肌肉在气温低时几乎难以正常工作，如蜜蜂在低于15℃的环境中飞翔就不灵活。这时，发热的花朵无疑像一间间温暖的小房，引诱昆虫前来寄宿。就喜林芋来说，它有一位积极的传粉者——金龟子，每当金龟子在寒冷的夜晚踯躅前行时，如果遇上一个“花房温室”，马上会恢复生机，而喜林芋花朵内的温度几乎比外界气温高出5℃～10℃，自然就成了昆虫的“天堂”。

人能不能跟植物谈话

20世纪70年代，一位澳大利亚科学家在研究植物的抗旱能力时，不经意间发现，遭受严重干旱的植物会发出咔嗒、咔嗒的声音，这件事在科学界产生了极大的轰动。后来，两位来自加拿大和美国的科学家做了一个试验。他们在玉米的茎部安装了窃听装置，并与电子计算机连在一起。实验发现，当植物不能从土壤中得到所需要的水分时，它便从茎部的组织中汲水，同时产生一种超声波噪声音，恰似“呼救”声。

发现了植物的种种语言之后，人就可以与植物进行谈话了。前些年，摩尔多瓦科学院为了让人类能同植物对话，制成了一台信息测量综合装置。通过这台仪器的同步翻译，当时在场的生物学家、植物病理学家、细胞学家、遗传学家、生物物理学家、气象学家、化学家、物理学家和软件专家，都与植物进行了对话。看来，人们与植物谈话已

你知道吗

超声波

超声波是频率高于20000赫兹的声波，它方向性好，穿透能力强，易于获得较集中的声能，在水中传播距离远，可用于测距、测速、清洗、焊接、碎石、杀菌消毒等，在医学、军事、工业、农业上有很多的应用。超声波因其频率下限大约等于人的听觉上限而得名。

不是天方夜谭了。

杜鹃花为什么有“花中西施”美称

杜鹃花是我国三大天然名花之一，诗人白居易有诗写道：“闲折二枝持在手，细看不似人间有。花中此物是西施，芙蓉芍药皆嫫母。”可谓是对杜鹃花的最高赞誉。所以，杜鹃花又有“花中西施”之美誉。

杜鹃花

杜鹃花，又叫映山红。是那如火如荼的红花，把整个山都映红了，就像霞光洒落，又像羞红了脸的小女孩。杜鹃花除了红色的外，还有多种颜色，五光十色。花开的时候：红的，殷红似火，热情奔放；白的，就像晶莹的雪花，纯洁无瑕；红中带白，粉红的芯就像女子，白色的边就像洁白的纱；黄的，黄金灿灿；紫的，有如宝石。有像浓妆艳服，丹唇皓齿，像青春少女招摇过市；有似淡著缟素，谦谨大方，像成熟少妇；有芬芳沁人，像少女怀春。体态多样，风姿万千，真是：回看桃李都无色，映得芙蓉不是花。

相传，古代的蜀国是一个和平富庶的国家。那里土地肥沃，物产丰盛，人们丰衣足食，无忧无虑，生活得十分幸福。

可是，无忧无虑的富足生活，使人们慢慢地懒惰起来。他们一天到晚，醉生梦死，嫖赌逍遥，纵情享乐，有时搞得连播种的时间都忘记了。

相传，蜀国的皇帝，名叫杜宇。他是一个非常负责而且勤勉的君王，他很爱他的百姓。看到人们乐而忘忧，他心急如焚。为了不误农时，每到春播时节，他就四处奔走，催促人们赶快播种，把握春光。

可是，如此地年复一年，反而使人们养成了习惯，杜宇不来就不播种了。

终于，杜宇积劳成疾，告别了他的百姓，可是他对百姓还是难以忘怀。他的灵魂化为一只小鸟，每到春天，就四处飞翔，发出声声的啼叫：快快布谷，快快布谷。直叫得嘴里流出鲜血，鲜红的血滴洒落在漫山遍野，化成一朵朵美丽的鲜花。

人们被感动了，他们开始学习他们的好国君杜宇，变得勤勉和负责。他们把那小鸟叫作杜鹃鸟，把那些鲜血化成的花叫作杜鹃花。

灵芝为什么被称为“仙草”

灵芝自古以来就被认为是吉祥、富贵、美好、长寿的象征，有“仙草”、“瑞草”之称。中华传统医学长期以来一直视其为滋补强壮、固本扶正的珍贵中草药，民间传说灵芝有起死回生、长生不老之功效。

古今药理与临床研究均证明，灵芝确有防病治病、延年益寿之功效。东汉时期的《神农本草经》、明代著名医药学家李时珍的《本草纲目》，都对灵芝的功效有详细的极为肯定的记载。现代药理学与临床实践进一步证实了灵芝的药理作用，并证实灵芝多糖是灵芝扶正固本、滋补强壮、延年益寿的主要成分。现在，灵芝作为药物已正式被国家药典收载，同时它又是国家批准的新资源食品，无毒副作用，可以药食两用。

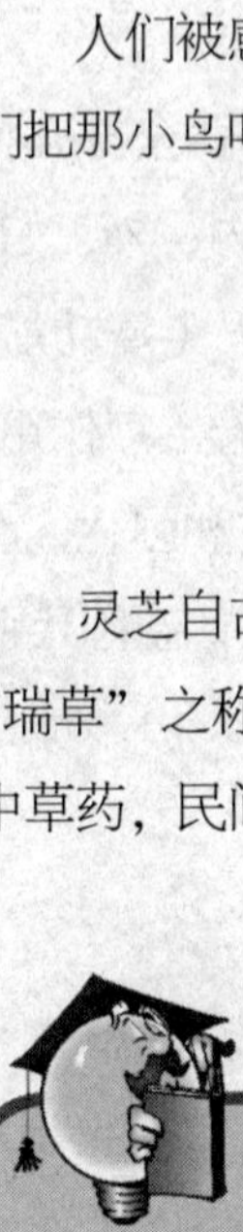

广角镜

灵芝多糖

灵芝多糖目前已分离到的有200多种，其中大部分为β－葡聚糖，少数为α－葡聚糖，多糖链由三股单糖链构成，是一种螺旋状立体构形物，其立体构形和DNA、RNA相似，螺旋层之间主要以氢键固定，分子量从数百到数十万，除一小部分小分子多糖外，大多不溶于高浓度酒精，在热水中溶解，大多存在于灵芝细胞内壁。

科学研究表明，灵芝的药理成分非常丰富，其中有效成分可分为十大类，包括灵芝多糖、灵芝多肽、三萜类、16种氨基酸（其中含有7种人体必需氨基酸）、蛋白质、甾类、甘露醇、香豆精苷、生物碱、有机酸（主含延胡索酸），以及锗、磷、铁、钙、锰、锌等微量元素。灵芝对人体具有双向调节作用，所治病种，涉及心脑血管、消化、神经、内分泌、呼吸、运动等各个系统，尤其对肿瘤、肝脏病变、失眠以及衰老的防治作用十分显著。

灵芝的应用范围非常广泛。就中医辨证看，由于它入五脏补益全身五脏之气，所以无论心、肺、肝、脾、肾脏虚弱，均可服之。涵盖内、外、妇、儿、五官各科疾病。其根本原因，就在于灵芝有扶正固本、增强免疫功能，提高机体抵抗力的巨大作用。它不同于一般药物只对某种疾病而起治疗作用，亦不同于一般营养保健食品只对某一方面营养素的不足进行补充和强化，而是在整体上双向调节人体机能平衡，调动机体内部活力，调节人体新陈代谢机能，提高自身免疫能力，促使全部的内脏或器官机能正常化。

植物为什么会有各种味道

人们常说："青菜萝卜，各人所爱。"这就是说，因为它们的味道不同，所以有的人爱吃青菜，而有的人爱吃萝卜。植物怎么会有各种不同的味道呢？这是因为植物的细胞里含有的化学物质各不相同。

许多水果都有甜味，一些蔬菜如甜菜也有甜味，这是由于它们的细胞里都含有糖类。如葡萄糖、麦芽糖、果糖、蔗糖，尤其是蔗糖，味道更是甜津津的。甘蔗里就含有大量的蔗糖，不仅大人小孩都喜欢吃，它还是制造食糖的主要原料。

有的水果很酸很酸。俗话说，"望梅止渴"，我们可以由此想象得出酸溜溜的梅子味道。买橘子的时候，人们常常会问，这橘子酸不酸？植物中的酸味，是由于它们细胞里的一些酸类物质在起作用，如醋酸、苹果酸、柠檬酸……柠檬就像是柠檬酸的仓库。

知识小链接

柠檬酸

柠檬酸是一种重要的有机酸，又名枸橼酸，无色晶体，常含一分子结晶水，无臭，有很强的酸味，易溶于水。其钙盐在冷水中比热水中易溶解。结晶时控制适宜的温度可获得无水柠檬酸。在工业、食品业、化妆业等具有极广的用途。

人们一般不爱吃苦的植物，但有时却必须吃一点，因为“良药苦口利于病”嘛。植物中很有名气的黄连，就是很苦很苦的良药。有一句谚语说：“哑巴吃黄连——有苦说不出。”黄连的苦味就是来源于它细胞内的黄连碱。百合、莲心都有苦味，也是因为细胞内含有某些生物碱而造成的。

辣椒的辣味，人人都领教过。不过有人喜辣有人怕。四川人、湖南人几乎每顿饭、每样菜都要来点辣的，而江南一带的人一般不习惯吃辣。辣椒内因含有辛辣的辣椒素才变得这么辣，而生的萝卜也有辣味，则是因为它含有一些容易挥发的芥子油。

涩味，几乎没有人喜欢。不过许多人都爱吃的红澄澄的柿子有时却带点涩味，尤其是没熟透的柿子或靠近柿子皮的地方涩味更浓一些。那是一种叫单宁的物质在捣蛋。

植物中含有那么多不同的物质，形成了各种各样的味道，足够让我们“大饱口福”。

黄连为什么特别苦

黄连为毛茛科黄连属植物，主要产在四川。此外，云南、湖北、陕西等省也有分布。它生长在高山林下的阴湿地方。

黄连为什么特别苦呢？要回答这个问题我们可以先做个小实验：将黄连的根（实际上主要是根状茎）放在一杯清水中，过一会儿就会看到从黄连的根状茎里出来一种黄色物质。不久，整杯清水就会变成淡黄色，这种黄色的物质叫作“黄连素”，也叫“小檗碱”。黄连特别苦就是因为黄连的根状茎里含有黄连素的缘故。一般人可能都知道，在闹肠炎或痢疾的时候常吃的一种药片叫作“黄连素”，如果我们将药片的糖衣去掉，用舌尖尝尝，会感到特别苦。俗话说，“哑巴吃黄连，有苦说不出”，可见黄连之苦几乎人尽皆知。黄连的根状茎里含有多种生物碱，其中黄连素占5%～8%。黄连除了用于治疗肠胃炎、痢疾外，还用于治疗急性结膜炎、口疮等多种疾病，也是用于防止外伤感染的药物。

拓展阅读

黄连素

黄连素是一种重要的生物碱，是我国应用很久的中药，可从黄连、黄柏、三颗针等植物中提取。它具有显著的抑菌作用。黄连素能对抗病原微生物，对多种细菌如痢疾杆菌、结核杆菌、肺炎球菌、伤寒杆菌及白喉杆菌等都有抑制作用，其中对痢疾杆菌作用最强，常用来治疗细菌性胃肠炎、痢疾等消化道疾病。

不同种类的植物也可以含有同一种生物碱，如小檗属的许多植物中也含有黄连素，黄连素常可以从这些植物中提制。

可提高记忆力的植物

银杏树是世界上最古老的树种之一，其果实又叫白果。在东方，几千年来人们一直用银杏入药来提高记忆力。研究表明，它可以有效改善短期记忆丧失和年老导致的记忆力衰退、反应迟钝和抑郁等症，还能够促进血液循环。它还可以在一年内显著缓解帕金森症和早老性痴呆症患者的症状。

荷兰的一所大学对银杏在血液循环上的效果做了一项调查，发现它可以有效提高记忆力、注意力，使精力更加充沛，且有助于提升情绪。

法国一项很复杂的对照实验发现：让60—80岁的老人每天摄入320毫克银杏，一段时间后，他们的认知反应得到极大的提高，几乎可与健康的年轻人媲美。

原因何在呢？通过大量的试验，科学家终于揭开了这个秘密。

原来银杏含有两种植物化学物质——银杏黄酮配糖和萜内酯，是它们赋予了银杏神奇的治疗效果。

银杏树

广角镜

帕金森症

帕金森病又称“震颤麻痹”，多在60岁以后发病。主要表现为患者动作缓慢，手脚或身体其他部分的震颤，身体失去柔软性，变得僵硬。最早系统描述该病的是英国的内科医生詹姆·帕金森，当时还不知道该病应归入哪一类疾病，称该病为“震颤麻痹”。帕金森病是老年人中第四位最常见的神经变性疾病，在≥65岁人群中，1%患有此病；在>40岁人群中则为0.4%，本病也可在儿童期或青春期发病。

像银杏一样，长春花也能够促进血液循环，帮助血液将氧气输送给大脑，提高大脑记忆力，医学和营养学界应用的长春西丁主要就是从这种植物中提取的。

英国萨瑞大学针对长春西丁的疗效作了一个实验。研究人员给203位有记忆问题的人分别服用安慰剂或长春西丁，结果发现服用长春西丁的人的认知表现和记忆力都有极大的提高。而且，仅服用一剂后，服用者的注意力、记忆力和学习能力就有立竿见影的效果。

另一项对照实验发现，服用40克长春西丁仅1小时后，服用者的记忆力就有显著的提高。

此外，研究还表明长春西丁对有血液循环问题的人有良好的作用，如改善脑动脉硬化和中风引起的大脑血液供应暂时中断。和银杏一样，它也可以治愈由于血液循环问题引发的耳鸣。

广角镜

长春花

为多年生草本，茎直立，多分枝，叶对生，长椭圆状，叶柄短，全缘，两面光滑无毛，主脉白色明显，聚伞花序顶生。花有红、紫、粉等多种颜色，花冠高脚蝶状，5裂，花朵中心有深色洞眼。长春花的嫩枝顶端，每长出一叶片，叶腋间即冒出两朵花，因此它的花朵特多，花期特长，花势繁茂，生机勃勃。从春到秋开花从不间断，所以有“日日春”之美名。长春花是夹竹科的植物，折断其茎叶而流出的白色乳汁，有剧毒，千万不可误食！

长春西丁为什么有这样神奇的功效呢？原因有多种。首先，它可以改善脑部血液循环，这样血液就能更有效地输送营养物质。另外，它还可以舒张脑部血管，因而红细胞可以更好地为大脑输送氧气。最后，长春西丁还可以刺激产生去甲肾上腺素的神经细胞，这些细胞位于大脑的蓝斑区域，影响大脑皮层的活动。我们知道，大脑皮层是我们思考、计划和指挥行动的中心，因而长春西丁可以间接影响到我们的思想。随着年龄的增长，这些神经细胞的数量也会逐渐减少，注意力、灵敏程度以及大脑处理信息的速度都会受损。长春西丁恰好抑制了神经细胞的衰老和死亡，所以能有效地改善大脑功能，提高大脑记忆力。

有毒植物

有一种植物，虽然自己不吃人，却是食人帮凶，这种食人帮凶叫日轮花。当地人对日轮花十分害怕，见到它就要远远躲开。

为什么当地人这么怕日轮花呢？原来，日轮花是有毒的花卉。

不少花卉有不同程度的毒性，在培养中要注意防护。仙人掌类植物的刺内含有毒汁，注意不要被刺伤，人被刺伤后毒汁会引起皮肤红肿疼痛、搔痒。霸王鞭、虎刺梅的茎中含的白色乳汁有毒，特别注意不要入眼。多浆花卉光棍树茎干中的白色汁液有毒，严重时进入眼睛有引起失明的危险，轻时接触皮肤也会引起红肿。

含羞草内含有毒的含羞草碱，接触过多会引起毛发脱落，眉毛稀疏。水仙的叶和花汁液有毒，能使接触者皮肤红肿。

知识小链接

石蒜碱

为存在于石蒜科植物石蒜的鳞茎内的生物碱，不溶于水，难溶于乙醇和乙醚，棱柱状晶体，熔点275℃～280℃（分解），有右旋光性。

花叶万年青的花、叶内均含有对人体健康有影响的草酸和天门冬素，误食后严重的可使人变哑，轻的引起口腔、咽喉、食道、肠胃肿痛。石蒜中的石蒜碱毒性很大，石蒜碱进人呼吸道后会引起鼻出血，与皮肤接触会引起红肿发痒，误食石蒜有生命危险，重的会因中枢麻痹而死亡，轻的会引起呕吐、腹泻、手脚发冷、休克。

一品红全株有毒，其内含的白色汁液能使接触者全身红肿，误食茎叶可能导致死亡。夹竹桃枝、叶及树皮中含的强心苷，毒性也不小，误食几克就能引起中毒。黄杜鹃的植株和花内均含有毒素，误食会中毒。五色梅的花、叶有毒，误食会引起腹泻、发烧。

菌类都不好吗

菌类并非都不好，有些菌类不但无害，而且对人体大有裨益。菌类分为三种：细菌、黏菌和真菌，它们是生物界的低等类群。在这个菌类的大家庭中，绝大多数都是人类的好朋友。我们平常吃的馒头、面包，都是由酵母菌分解面粉里面的淀粉而得到的；还有泡菜、酸牛奶等，则是在乳酸菌作用下的结果；而动植物死亡以后，它们的尸体是通过腐败细菌的作用，分解成植物生长所需要的养分；稻草、麦秆和牛粪等在无氧的条件下由甲烷细菌分解成沼气，人们就可以用沼气煮饭、照明和发电。醋酸菌可以被用来酿醋、制造醋酸和葡萄酸。真菌中的曲霉能够酿酒，还可以制作成酱油和酱。从青霉中提取的青霉素可以治疗肺炎和脑膜炎，还有大家喜欢吃的蘑菇、木耳、香菇等都是真菌类食物。有人说真菌类并不真正属于植物界，因为它们没有根、茎、叶，也没有制造养分的叶绿素。但它们的个体较大，并且生长方式很像植物，它们靠吸取各种活的或死的动植物体的养分为生，真菌类不需要用光来制造养分，所以它们经常生活在黑暗之中。

> **你知道吗**
>
> **乳酸菌**
>
> 乳酸菌指发酵糖类主要产物为乳酸的一类无芽孢、革兰氏染色阳性细菌的总称。凡是能从葡萄糖或乳糖的发酵过程中产生乳酸菌的细菌统称为乳酸菌。这是一群相当庞杂的细菌，目前至少可分为 18 个属，共有 200 多种。

月季花为什么被称为“花中皇后”

有人把玫瑰、月季、蔷薇称为蔷薇科花中的三姊妹，论名声要数玫瑰，论潇洒应属蔷薇，但是论高贵还得说月季，它被称为“花中皇后”。月季原产我国，是十大传统名花之一，我国已有天津、西安、大连、郑州等 30 多个城市选择月季作为市花。在万紫千红的百花园中，月季花馥郁芳香，千姿百态，终年开放，深受人们喜爱。宋代诗人杨万里有描写月季的诗句：“只道花开十日红，此花无日不春风。”月季枝干大多直立，高的可达 1.5 米。花生在枝顶，花瓣 20 ~ 30 片。就色彩而论，有红、粉红、黄绿、紫、白等色；就大小而言，大的直径可达 15 ~ 18 厘米，小的仅有 1 ~ 2 厘米。目前世界上约有月季品种 20000 种，是所有观赏花卉中品种最多的。月季是怎样“出国”的呢？17 世纪时，很多西方商人、传教士等从我国搜集了大量花卉品种带去他们国家。所带去的月季品种中有 4 个就是现在众多月季品种的“祖先”，其中月月红是 18 世纪中国流行的最广的月季，1725 年由瑞士传入英国，1798 年传入法国，19 世纪又传到美国。

大王花身世之谜

大王花是世界开得最大的花，同时也可能是世界上最令人厌恶的花，因为它总是散发着一种极其难闻的味道，因此又叫尸臭花。大王花开的花艳丽无比，直径达到一米，色似腐肉并散发恶臭，为典型腐臭花。大王花的身世长期以来就是个不解之谜，不过科学家已经利用基因分析技术揭开了这个谜底。

大王花是于 1818 年由创建英国在新加坡殖民地的托马斯·斯坦福德·拉弗尔斯爵士和博物学家约瑟夫·阿诺德在苏门答腊岛雨林地区的一次科学考察中被发现的。实际上，大王花的植物学近亲中许多开的花直径也不过几毫米。

大王花属于大花草科，与一品红、爱尔兰钟和诸如橡胶树、蓖麻、木薯等同属一个家族。大王花具有很多令人称奇的特性，可以称得上是植物学上的“离经叛道者”，它一方面从另一种植物中“盗取”营养物，另一方面哄骗昆虫在其上面授粉的寄身植物。

基本小知识

大花草科

大花草科肉质、寄生草本，寄生于植物的根、茎或枝条上，无叶绿素，吸取营养的器官退化成菌丝体状，侵入寄主的组织内。

此外，大王花还有一些与众不同的特性。它能够开出重达 15 磅（7000 克）的花，却没有特定的开花季节，也没有根、叶和茎，寄生于一些野生藤蔓上。迄今为止，科学家还不知道大王花的种子是如何发芽和生长的，它也从不进行光合作用。植物一般通过光合作用吸取来自阳光的能量。花朵颜色血红，布满了深褐色的花苞，散发着一堆烂肉的臭味，甚至能释放热量，它们看上去和闻上去都像是一堆腐烂的肉，也许它们这样做是模仿刚刚死去的动物，以便引诱以腐肉为生的飞虫在其上面授粉。

东南亚部分地区的雨林生长着多种大王花，婆罗洲是这一地区生物多样性的中心。大王花的历史可追溯到距今一亿年前的白垩纪，这个时期也是恐龙时代结束、开花植物问世的年代。研究人员相信，在长达4600万年的历史长河中，大王花在停止缓慢的进化步伐之前，花朵尺寸增大了79倍。

科学家最近为一些植物认祖归宗的研究主要依赖于同光合作用相关基因的分子标志，但这一招可能并不适用于大王花。研究人员只得尝试大王花基因组的其他部分，寻找相关线索。美国南伊利诺伊大学植物生物学家丹尼尔·尼克伦特也参加了此项研究。他表示，对大王花的了解加深有助于人们改变对开更大花、结更多果实的植物的认识，让他们培育出更多此类植物。

植物何以能预报地震

据报载，我国宁夏西吉1970年发生过一次地震，震前一个月，在离震中60千米的隆德，蒲公英在初冬季节开花。长江口外东海面，1972年发生过一次地震，震前上海郊区田野里的芋藤突然开花，十分罕见。辽宁省的海城1976年2月初发生过一次强烈地震，地震前的两个月，那里有许多杏树提前开了花。唐山地震发生前，唐山地区、天津郊区的一些植物出现了异常现象：柳枝枝梢枯死，竹子开花，有些果树结了果实后再度开花。四川的松潘、平武地区1976年发生过一次强烈地震，地震前夕，“熊猫之乡”的平武地区出现了熊猫赖以生存的箭竹突然大面积开花，许多箭竹在开花后死去；一些玉兰开花后又奇怪地再次开花，桐树大片枯萎而死。

在国外，也出现了类似上述的现象：印度的一种甘蓝，不仅会预报恶劣天气，还会以长出新芽的特征，警告即将发生地震。1976 年，日本地震预报俱乐部的会员也在震前屡次观察到含羞草的小叶出现了反常闭合状态：通常在白天含羞草的叶子张开，到夜晚它就闭合了，而在地震前夕，白天它的叶子闭合起来，晚上反而半张开了。

植物预兆地震的奥秘何在呢？科学家认为，地震在孕育过程中，由于地球深处的巨大压力在石英岩中造成电压，这样便产生了电流，分解了岩石中的水，于是产生了带电粒子，在特殊地质结构中，这些粒子被挤到地球表面，跑到空气中，会产生一种带电悬浮粒子或离子，此变化在一些植物内得到反应，便产生了异常现象。

拓展思考

悬浮粒子

用于空气洁净度分级的空气悬浮粒子尺寸范围在 0.1μm ~ 1000μm 的固体粒子和液体粒子。对于悬浮粒子计数测量，一个微粒球的面积或体积产生一个响应值，不同的响应值等价于不同的微粒直径。

能预报气象的植物

含羞草是一种普通的植物，一受到触动，便会出现枝干下垂、叶片闭合的“羞答答”状。但是，不知你注意到没有，含羞草在晴天却是比较“大方”的，触动后“含羞”的时间很短，而不触动它是决不会“害羞”的。

在阴天，即将下雨时，它就特别“害羞”，不触动它也会“羞羞答答”的，叶子总是合在一起，叶柄也是下垂的。为什么会这样呢？原来，在空气湿度大的时候，一些小昆虫飞不高，碰撞含羞草的机会较多，使含羞草老是处于受刺激的状态，成天都露不出“笑脸”来。气象工作者注意到这一点，利用它来预报天气。如果你看到含羞草叶片闭合，叶柄下垂，很长时间恢复不过来，就说明快要下雨了。

还有一种晴雨树也能预报天气。这种晴雨树生长在多米尼加，叫雨蕉树。雨蕉树在天气变化要下雨时，宽大的叶片上会流出一颗颗晶莹透亮的水珠来。这是植物的一种吐水现象，除雨蕉树外，在柳树、榆树等植物中也会出现吐水现象。

为什么雨蕉树会出现吐水现象呢？原来，雨蕉树的叶片组织非常细密、紧凑，树干和叶片上像涂了一层蜡，保护体内的水分不蒸发。当温度高、湿度大，蒸腾作用大，而叶片内的水分又难以及时蒸发时，水分便会从叶面溢出来。难怪当地人喜欢将雨蕉树栽在家门口，将它当成气象预报树呢。

在安徽省和县高关乡，有一棵能预报当年旱涝的气象树。这是一颗大朴树，已有400多年的树龄，树围3米多，树冠可覆阴100多平方米。当地人从这棵大朴树的生长发育状况，能准确地预测当年的气象情况。如果这棵树在谷雨前发芽，长得芽多叶茂，预示当年雨水多，水位高，往往有涝灾。如果它同别的朴树一样正常生长发育，便预示着这一年风调雨顺。如果它推迟发芽，叶子长得又少，就预示当年雨水少，旱情严重。当地气象部门用几十年的观察资料去印证，发现气象树对当地旱涝情况的预报相当准确。为什么气象树能准确地预测旱涝呢？科学家经过研究后认为，这可能是由于这棵树对生态环境的变化特别敏感所致。

在广西忻城县龙顶村，也有棵类似的气象树，当地的农民根据这棵树的叶子的颜色来预测晴天雨天，安排农活。这是一棵青冈树，高20余米，直径70多厘米。叶子是深绿色时，预示一两天内是晴天；叶子变红，则预示一两天内要下大雨。

广角镜

青冈树的形态特征

落叶或常绿乔木，五月开黄绿色花，花单性，雌雄同株，雄花柔荑花序，细长下垂。坚果卵形或椭圆形，生于杯状壳斗中，十月成熟。

更有意思的是，一些树能预报天气，另一些树则会在天旱少雨、人们渴望甘露时，下起雨来。1985年夏天，浙江省云和县丰村小学外的一棵百年黄檀树，在中午烈日下下起雨来，阳光越强烈，雨下得越大。天气转阴变凉，它就立即不下雨了。在斯里兰卡首都科伦坡的林荫大道两旁，种的就是降雨树，在中午烈日下，树会从凹陷的三四十厘米长的大叶片中，吐出雨水来，给人们冲凉。

能“探矿”的植物

天下之大，无奇不有，自然界中还有一类植物可以帮助人们找寻矿物。有人在美丽的七瓣莲花的指引下找到了锡矿，有人在一种开浅红色花的紫云英指引下找到了铀矿，有人在蓝色的野玫瑰花的指引下找到了铜矿……

为什么有的植物能“探矿”呢？这是因为这些植物在生长发育过程中需要某些特殊矿物质，在富有这些特殊矿物质的地方，这些植物会长得特别繁茂。而且，由于某些植物吸收了金属离子后，细胞液酸碱度会出现变化，导致正常花色的改变。比如，在含锌的土壤上，三色堇长得特别茂盛，每朵花的蓝、白、黄三色变得特别鲜艳。根据三色堇的这两点变化，便能找到锌矿。

而有些“探矿”植物则是以它特殊的生长姿态示人的。如青蒿一般长得很高大，但在含硼丰富的地区却长成为“矮老头”。如果找到这种“矮老头”，就有可能找到硼矿。吸收了地下的石油有可能使某些植物患“巨树症”，树枝伸得比树干还长，叶子小得可怜。找到这种患“巨树症”的植物，也许就能发现油田。

知识小链接

三色堇

三色堇在欧洲是常见的野花，也常栽培于公园中。三色堇以露天栽种为宜，无论花坛、庭园、盆栽皆适合，不适合种于室内，因为光线不足，生长会迟缓，枝叶无法充分茁壮，导致无法开花，开花后也不应移入室内，以长保花朵寿命。

蜇人的植物

在我国首都北京的西南部，位于河北省涞水县境内，有一处名叫野三坡的地方，那里有一条远近闻名的蝎子沟。

在蝎子沟里遇到的并不是蝎子，而是一种名叫蝎子草的植物。整条蝎子沟长达11千米，里面到处长满了蝎子草，它的叶子长得有一些像桑叶，看上去很是温柔可爱，如果不小心碰到了它，就会感到疼痛难忍。这是什么道理呢?

原来蝎子草的全身都长着毛，叶片背面生的毛是蜇毛。若不小心碰到了蜇毛，蜇毛便会扎进身体。蜇毛为什么会使人感到痛苦呢?这是因为蜇毛是一种由表皮细胞延长而形成的腺毛，它由两部分组成，表面部分被称为单细胞毛管，基部便是由许多细胞组成的毛枕。

毛枕会分泌并贮藏毒液，这种毒液的成分十分复杂，有甲酸，有乙酸，也有酪酸，更有含氮的酸性物质和一些酶。毛枕中贮藏的毒液被输送到毛管中，毛管的一端成了刺，基部很硬，中间却很脆弱。刺扎进人或动物的皮肤内，便会被折断，于是毒液便一股脑儿被送进被害者的身体。

蝎子草分布于我国的陕西、河北、河南西部、内蒙古东部和东北部，以及朝鲜。和蝎子草一样会蜇人的还有分布于我国云南、贵州、湖南西部和四川西南部，以及老挝、缅甸、印度的大蝎子草。

与蝎子草相比，大蝎子草的个子要大得多。大蝎子草也是草本植物，最高可长到2.5米。它的叶子呈五角形，全身也长满可

拓展阅读

蝎子草

蝎子草属景天科，景天属的一年生草本。别名华丽景天、长药景天。分于中国东北部及河北、河南、山东、安徽等省，日本也有分布，为多年生肉质植物。茎高30~100厘米，麦秆色或者紫红色疏生蛰毛和细糙伏毛，常不分枝。

怕的蜇毛，被蜇后也会感到疼痛无比，像是被蝎子或马蜂蜇着一般，被蜇的地方以后还会出现红肿，几小时或几天以后才会消去。

蝎子草和大蝎子草都属荨麻科。许多荨麻科的植物都会蜇人，它们共分5个属30多种，遍布全国各地。比如，南方常见的蜇人植物有荨麻和大蝎子草，北方则有蝎子草、焮麻和狭叶荨麻。此外，生活在广东和海南的海南火麻树，生活在广东、广西、云南的圆齿火麻树和圆基叶火麻树，也都会蜇人，人、畜被蜇以后皮肤都会红肿并感到疼痛难当。

被蝎子草一类蜇人植物蜇伤以后千万不要惊慌，应该马上用肥皂水冲洗或涂抹碳酸氢钠溶液以中和毒液。如果皮肤已经被扎破，则应该马上敷上浓茶或鞣酸，以免受到感染。

其实，许多荨麻科植物是很好的药用植物和经济植物，就拿荨麻来说吧，它的全草都可供药用，可治疗风湿和虫咬。它的营养价值十分丰富。据测定，每千克荨麻叶和嫩枝的干物质中，竟含胡萝卜素140~300毫克、维生素C1000~2000毫克、维生素K25毫克、维生素$B_3$20毫克。荨麻的千克干物质中，铁、锰的含量比苜蓿的还多3倍，铜、锌的含量更比苜蓿的多5倍。此外，荨麻还含有单宁、有机酸和其他一些活性物质。科学家发现，用荨麻来喂家禽，不仅产蛋多，而且可以防治疾病。以往，国内尚无种植荨麻以作纺织原料的先例。2002年，在我国的新疆，有人开始规划人工种植荨麻以获取荨麻的纤维，这是因为荨麻纤维的韧性很强，可以织出优质的防弹衣。

同属荨麻科的苎麻也有很大的利用价值。苎麻产于我国的山东、河南和陕西以南的各个省区，它的茎皮纤维可供制作夏布，是制造优质纸的原料。苎麻的根和叶可供药用，有清热、解毒、止血、消肿、利尿、安胎的作用。苎麻的叶子既可以养蚕，也可以做饲料，种子榨油以后可供食用。

随着育种技术的发展，中国农业科学院的科研人员经过引种、驯化，成功地培育出杂交荨麻。这种杂交荨麻可做蔬菜，它味道鲜美，口感滑腻，营养丰富，每100克嫩茎或叶中含粗蛋白4.66克，脂肪0.62克，粗纤维4.34克，碳水化合物9.64克，还含有丰富的铁、钙等无机盐、胡萝卜素和维生素C。

难能可贵的是，杂交荨麻根的提取物含有多糖类化合物，能调节T淋巴细胞的免疫功能，阻止癌细胞的分化与扩散，可治疗前列腺肥大或其他一些癌症，因而正越来越引起人们的注意。

蝎子草等荨麻植物为什么要生出如此可怕的蜇毛呢？科学家告诉我们，这是植物出于防卫的需要，一些植物看上去很诱人，它们的叶子是许多食草动物乐于享用的。天长地久，为了免遭灭顶之灾，一些植物体内便产生了单宁等涩嘴的化学物质，另一些植物则干脆进化出各种各样的毒针、毒刺和其他稀奇古怪的小玩意儿。

植物体内产生的化学物质一般都是新陈代谢的产物，它们有的有毒，有的无毒，被称作是植物的次生物质。

能运动的植物

动物能动，人们已经司空见惯、习以为常了，但要说植物也能动，肯定有好多人不信。其实，植物除了有向地性运动、向光性运动、向湿性运动、向肥性运动、感夜运动等原地运动外，还有能够整个儿地离开原地运动的。

> 趣味点击　**感夜运动**
>
> 呈有日周期的叶片的上下运动和花的开闭运动，称为感夜运动。由于白天和夜间叶片和花被的弯曲不同，亦称为昼夜运动。由感光性和感温性，特别是前者引起的生长运动和膨压运动，在很大范围内可能是由于体内的内在节律引起的，而光和温度的变化只不过是控制着这种节律而已。因此，即使把植物转移到持续不变的环境下，一日的周期运动，在数日内仍有所表现。

生长在美洲的卷柏是一种会滚动的草，当天气干燥、风大、缺水的时候，整株植物就会连根拔起，卷成一个球形，随风滚动。滚动中若遇到障碍物，便会逐渐停下来，把根扎进土中，又生长起来。

禾本科的野燕麦是一种靠湿度变化走动的植物。野燕麦种子的外壳上长着一种类似脚的芒，芒的中部有膝曲，当地面湿度变大的时候，膝曲伸直；地面湿度小时，膝曲恢复原状。在一伸一屈之间不断前进，一昼夜可推进 1 厘米。

还有一种生长在北方松林里的长生草，能靠自身力量做翻身运动。这种矮生肉质植物外形像一个莲座，“莲座”上可以通过新茎生出一些小“莲座”。这种小“莲座”是大“莲座”的子女，长到一定程度就会脱离母体掉到地上。掉到地上的小“莲座”有的侧着身子，有的四脚朝天。这时，侧身的小“莲座”们便会在接触地面部分急剧生长的叶片帮助下，挣扎着转过身来，恢复正常位置，而底部朝天的小“莲座”，则要靠根的力量来帮它翻身。小“莲座”会生出一至数条根来，扎进土中，靠一条根的力量或数条根的合力，使小“莲座”慢慢翻过身来。如果几条根的拉力方向不同，小“莲座”翻不过身来，就会死去。

粉尘过滤植物

榆树对空气中的尘埃有过滤作用。据测定，它的叶片滞尘量为每平方米 12.27 克，名列各种抗污能力较强植物之首，有“粉尘过滤器”之称。同时，它对大气中的二氧化硫等有毒气体也有一定的抗性。

泡桐是我国著名的速生用材树之一。它的树干挺直，树冠庞大；叶大多毛，分泌黏液，能吸附粉尘净化空气，并且对二氧化硫、氯气、氟化氢、硝酸雾等有毒气体有较强的抗性，被称为“天然吸尘器”。

> **你知道吗**
>
> **硝酸雾**
>
> 硝酸雾是空气中硝酸微粒所形成的雾。化石燃料不完全燃烧会产生氮氧化物，被空气中的雾滴吸收、氧化易生成硝酸雾滴。当空气中相对湿度大于 62% 或气温高于 25℃时，常有硝酸蒸气存在。在城市中汽车排气、居民燃煤以及硝酸和硝化工业、氮肥工业地区常有大量氮氧化物产生，也是硝酸雾的主要来源。

黄杨是一种很好的空气净化器，对二氧化硫、氯气、硫化氢、氟化氢等有毒气体有很强的抗性，有吸除毒气、净化空气的本领。它净化空气的本领源于其叶片的特殊的构造：叶片有革质物，表面有角质层。它的吸氯量在各种抗污能力较强的植物中排第二位。

趣味点击

盆　景

盆景是以植物和山石为基本材料在盆内表现自然景观的艺术品。盆景源于中国，盆景一般有树桩盆景和山水盆景两大类，盆景是由景、盆、几（架）三个要素组成的，它们之间相互联系，相互影响的统一整体。人们把盆景誉为“立体的画”和“无声的诗”。

黄杨又名爪子黄杨，属黄杨科，灌木或小乔木，高可达 6 米，原产我国中部各省，现已遍布全国。黄杨生长缓慢，苏州有棵 700 岁高龄的黄杨，高亦不过 10 米，胸径仅 30 厘米。因此，黄杨是很好的桩头盆景材料，有许多用黄杨制作的树桩盆景品。在我国古典庭园中，常用它扎成狮、鹤等动物形象，别有一番情趣。

污水净化植物

水葫芦、水葱、浮萍、菹草、金鱼藻、芦苇、空心苋、香蒲等植物，都有较好的净化污水能力，被称为污水净化植物。

水葫芦

据测定，1 万平方米左右的水葫芦 24 小时内能从污水中吸附 34 千克钠、22 千克钙、17 千克磷、4 千克锰、2.1 千克酚、89 克汞等。更为惊人的是，水葫芦还能将酚、氰等有毒物质分解为无毒物质。

水葫芦属久雨花科植物，又称凤眼莲、水风信子，1901 年从美洲作为花卉引入我国，后又作为饲料被广泛引种至各地。它的茎中海绵组织发达，气囊大量充气，所以在水中能直立或漂浮。水葫芦有惊人的繁殖力，有时会造成生态灾难。由于它生长迅速，很快就能覆盖大面积的水面，因此使得水下的生物得不到阳光和空气。

广角镜

金鱼藻

金鱼藻是悬浮于水中的多年水生草本植物，植物体从种子发芽到成熟均没有根。叶轮生，边缘有散生的刺状细齿；茎平滑而细长，可达60 厘米左右。金鱼藻多年生长于小湖泊静水处，曾经于池塘、水沟等处常见，可做猪、鱼及家禽饲料。

消声植物

有的植物能消除噪音，如雪松、云杉、桂花、水杉、圆柏、龙柏、珊瑚树、臭椿、女贞、鹅掌楸、杨树、栎树等。有人试验，在 20 米宽的马路上栽植珊瑚树、杨树、桂花树各一行，可降低噪声 5 ~7 分贝。

在这些能降低噪声的树木中，以珊瑚树的效果最好。珊瑚树属忍冬科植物，又名“法国冬青”，常绿灌木或小乔木，高可达 3 米以上。珊瑚树枝繁叶茂，树冠较为矮小。实践证明，

拓展阅读

忍冬科

忍冬科包括大约 800 种植物，几乎分布在全世界，主要在亚洲东部和北美洲东部，但在热带地区和南部非洲没有发现本科的植物。忍冬科植物绝大部分是藤本植物或灌木，只有少数种为草本植物，有常绿植物也有落叶植物，叶对生、单叶；花两性，5 基数，花冠合瓣；果实一般为浆果，也有蒴果或核果。

树冠矮小的乔木或灌木远比树冠高大的乔木降低噪声的能力强。珊瑚树结橙红色或深红色的椭圆形核果，远远望去，像串串珊瑚，珊瑚树因此得名。

女贞也是一种能降低噪声的优良树种。在日本大阪机场，跑道两旁种植了4000棵女贞，以降低噪声。结果证明，这些女贞树使噪音降低4分贝。

治病植物

自古以来，我国植物学家都在研究植物的治病功能，撰写了不少部总结植物治病功能的“本草”，以明代大药物学家李时珍的《本草纲目》最为有名。

名贵中药天麻性平和，味甘甜，对治疗头痛、耳鸣、失眠、中风引起的四肢麻木、语言障碍、小儿惊风、风湿痛等疾病有显著疗效，因此被誉为“神草”。

天麻属兰科多年生草本植物，无根，无叶，只有从地下块茎顶部抽生出的一支地上茎。黄赤色的地上茎像一支箭，《神农本草经》中称之为“赤箭”。

没有根，没有叶，也没有叶绿素，天麻是怎样生活的呢？经科学家多年研究，才发现有一种神奇的蜜环菌同天麻共生。蜜环菌喜欢在阴湿的杂木林下生活，是一种真菌，由于它的菌盖呈蜜黄色，在菌柄上有个环，所以得名。

蜜环菌遇到天麻的地下茎时，便用它的菌丝体保卫它，并伸入其中吸取养料。天麻并非善类，岂肯让蜜环菌白吃它的身体？它分泌出一种专门对付蜜环菌的溶菌酶，来滋养自己的身体。就这样，天麻靠蜜环菌为生，蜜环菌也离不了天麻产生的特殊营养滋补，相得益彰，最终生产出贵重的药物。

有了蜜环菌的全面滋养，在进化的过程中，天麻失去了植物特有的叶绿体，全身没有一点绿色，没有根，只剩下茎和鞘状鳞叶。地下块茎肉质，长圆形，黄白色，有环纹，中医用天麻的地下块茎入药，以9—10月采取的品质最好。

长期以来，人们习惯用野生天麻做药材，但资源越来越少，现已能人工栽培。

知识小链接

蜜环菌

蜜环菌属于担子菌纲、伞菌目、真菌的一属，子实体一般中等大。菌盖直径4－14厘米，淡土黄色、蜂蜜色至浅黄褐色。老后棕褐色，中部有平伏或直立的小鳞片，有时近光滑，边缘具条纹。菌肉白色，菌褶白色或稍带肉粉色，老后常出现暗褐色斑点。菌柄细长，圆柱形，稍弯曲，同菌盖色，纤维质，内部松软变至空心，基部稍膨大。菌环白色，生柄的上部，幼时常呈双层，松软，后期带奶油色。

驱蚊植物

蚊子是“四害”之一，常叮咬和骚扰人们，携带和传播细菌和病毒等病原体，深为人们所烦恼。比较人工合成的驱昆虫产品，植物驱蚊更加简便、经济、易于推广，因而受到许多农村妇女和发展中地区的重视。

碧冬茄

驱蚊草不仅仅指一种植物，而是指可以用来驱赶蚊子的所有植物的总称。许多种植物都可以用来驱蚊，如夜来香、除虫菊、杀虫花、凤仙花、薄荷、茉莉花、西红柿等都是传统的驱蚊植物。

为什么这些植物可以驱蚊呢？研究人员对杀虫花、碧冬茄和细杆沙蒿等驱蚊植物开展了深入的研究。研究发现，这些植物能释放出一些气体，其中含有令蚊子闻之即怕的成分。

杀虫花，又叫驱蚊花、逐蝇梅等，为马鞭草科马缨丹属，原产巴西，为多年生植物，直立式半藤本状灌木，茎高 1 米左右。花期盛夏，腋生伞形花序，花冠有红、黄、白等色，也是很好的园林植物。研究发现，杀虫花的植株上会散发出一种气味，虽然不易为人所觉察，但蚊子和其他一些飞虫对此却十分敏感，蚊子一闻到就逃之夭夭。据化验，其叶含马缨丹烯 A、马缨凡烯 B、三萜类马缨丹酸和马缨丹异酸、还原糖、鞣质、树脂以及生物碱。此外还含 0. 16% ~0. 2% 的挥发油，其主要成分为草烯、β－石竹烯、γ－松油烯、α－蒎烯和对－聚伞花素等。嫩枝中也含马缨丹烯 A。正是因为散发出的气体中含有这些成分，杀虫花就成了蚊蝇等飞虫的“克星”。

拓展阅读

马鞭草科

马鞭草科包括 90 余属约 2000 余种，主要分布在全球的热带和亚热带地区，中国有 21 属大约 200 种，多分布在长江以南地区，北方也有一些种类。马鞭草科和唇形科之间有时容易混淆，根据最近的基因鉴定，有几个传统属于本科的属已经划到唇形科。有的分类法将海榄雌属单独列为一科，或划入爵床科。

碧冬茄为茄科碧冬茄属草本植物，花冠呈漏斗状，为白色或紫堇色，有条纹。经研究，碧冬茄鲜花精油中含有叶醇、苯甲醛、苯甲醇、苯乙醇、乙酸苯乙脂等驱蚊活性成分，它们占有挥发精油总成分的 70%，为碧冬茄具有良好的驱蚊作用找到可靠的科学依据。

细杆沙蒿又名细叶蒿，分布于我国内蒙古、河北北部、山西北部和俄罗斯远东地区。散发出的气味有很强的驱避甚至毒害（麻醉）作用。研究人员通过实验发现，细杆沙蒿挥发油在 4 小时内，驱蚊效果达 90%；在 8 小时内，作用为 80. 3%。在细杆沙蒿的挥发气体中，含量为 36. 59% 的邻苯二甲酸酯是其驱蚊作用的有效成分。

蚊子对植物植株体散发的香味和其他异味中的一些成分具有特殊的敏感性，因而许多具有挥发性气体的植物都有一定的驱蚊作用。除了前面所提到的种类外，驱蚊植物还包括夜来香、薄荷、马缨丹属、藿香、薰衣草等。

驱蚊所使用植物的量是需要特别注意的，虽然很多植物可以帮助我们驱蚊，但是如果种植的植物量太少，散发的挥发性物质不足以有效驱赶蚊子。另一方面，如果在封闭或不太宽敞的情况下，房间里的植物芳香或异味不宜过浓，否则会引起身体不适，因此需要适当的通风条件。

广角镜

夜来香的习性

夜来香多生长在林地或灌木丛中，喜温暖、湿润、阳光充足、通风良好、土壤疏松肥沃的环境，耐旱、耐瘠，不耐涝，不耐寒，冬季落叶后停止生长；春暖后发枝长叶，每节有腋芽或花芽。随着生长不断发生侧枝并抽生花序，一般在 5 – 10 月陆续开花，开花时气味芳香，夜间更香浓，冬季结果。

抗癌植物

全世界每年死于癌症的人很多，人们是谈“癌”色变，畏之如虎。为了挽救千百万人的生命，科学家绞尽脑汁、千方百计地寻找能治疗癌症的药物。目前，已经发现的药用植物中，贡献卓著的要算是美登木了。

美登木，属卫矛科植物，在全世界共有 120 种左右。我国广

你知道吗

癌　症

癌症，亦称恶性肿瘤，为由控制细胞生长增殖机制失常而引起的疾病。癌细胞除了生长失控外，还会局部侵入周遭正常组织甚至经由体内循环系统或淋巴系统转移到身体其他部分。

东、广西、云南、贵州等省，已经发现的美登木约有 20 种。美登木为喜阴灌木，无刺，高达 4 米，小枝无长、短枝的区别；叶互生，椭圆形或倒卵形，长10～20 厘米，前端短渐尖或急尖，基部渐窄，边缘有极浅疏齿，叶脉两面突起，叶柄长 5～10 毫米，圆锥聚伞花序，2～7 枝丛生，常无明显总花梗，聚伞状圆锥花序；花白绿色，蒴果倒卵形，长约 1 厘米，直径约 8 毫米，2～3 室种籽，每室 2～3 粒，长卵形、棕色，基部有浅杯状淡黄色假种皮。

美登木

人们通过化学分析，发现美登木的根、茎、叶内含有美登新、卫矛醇、琥珀酸、丁香酸和羧基曲酸等化学成分。经过药理试验和临床验证，以上成分对多种动物和人体的肿瘤，如慢性粒细胞白血病都有明显的抑制作用。目前，这种被称为“戳脚树”的无名小卒，竟成了赫赫有名的治癌“专家”，闻名全国。植物园的科技工作者们把美登木视为珍品，开始人工栽培。云南热带植物研究所还建立了小工厂生产美登木片。

植物学家在南美洲的热带雨林中还发现了几种可以抗癌的植物，一种蓝花属植物的茎和皮的水溶物，具有显著的抗癌活性，对某些类型的淋巴型白血球过多症有较强的抑制能力。秘鲁印第安人还把一种巴豆属植物的乳汁作为治疗胃癌的药物。

现在，大蒜也被列入了治癌植物的行列。

你知道吗

大蒜素的成分

主要含有：1. 挥发性成分，如甲基烯丙基硫醚、二烯丙基硫醚等硫醚类；2. 酯类，如烯丙基硫代亚磺酸－1－丙烯酯，烯丙基硫代亚磺酯丙酯（又名大蒜素）；3. 苷类：有硫苷如葫蒜素，黄酮苷如槲皮素；4. 氨基酸类，如蒜氨酸，甲硫氨酸等。

1983年在上海举行的全国城市胃癌流行因素调查研究协作会议上，一部分专家提出大蒜能防止胃癌的看法。实验证明，大蒜中的大蒜素能抑制胃内致癌物质——亚硝胺的合成，有利于预防胃癌的发生。大蒜素对胃癌细胞的杀死作用比常用的抗癌药物“五氟尿嘧啶”要高。

在裸子植物中也发现了能用来治疗癌症的植物。

驱鼠植物

老鼠是人们生活中的一大公害，“老鼠过街，人人喊打”。在同鼠害作斗争的过程中，有一类植物也发挥了它们应有的作用。

我国地大物博，疆域广阔，驱鼠和治鼠的植物种类很多，驱鼠植物有“鼠见愁”、接骨木等；治鼠植物有闹羊花、玲珑草、天南星、黄花蒿等。

植物驱鼠治鼠各有高招。一种名叫“鼠见愁”的植物，经太阳照晒以后，能散发出一种很难闻的气味，老鼠对这种气味十分厌烦，闻到这种气味转身就逃，只要在农田周围和房前房后种上它，老鼠就会远远地避开。还有一种叫“芫荽”（俗称香菜）的植物，它有一股极其强烈的气味足以使老鼠生畏。北方生长的接骨木的挥发性气体对老鼠则有剧毒。而“老鼠筋”更有一番特殊的驱鼠本领，它的茎叶上有锐利的硬刺，如在鼠洞多

拓展阅读

闹羊花

该物种为中国植物图谱数据库收录的有毒植物，其毒性为全株有毒，花和果毒性最大。本植物的毒性历代本草均有记载，历史流传的所谓“蒙汗药”组成之一就是这种植物的花，相传该花浓汁与酒同服，能使人麻醉、丧失知觉。人中毒后一般有恶心、呕吐、腹泻、心跳缓慢、血压下降；严重者还有呼吸困难、心律不齐、血压升高、手足麻木、运动失调和昏睡，因呼吸抑制而死亡。

的地方布放一些“老鼠筋”的枝条，老鼠便会逃之夭夭。

另外一些植物能毒杀老鼠，如玲珑草，把它连草带根捣碎，与食物拌匀，投放在老鼠经常出没的地方，老鼠吃后立即中毒身亡。将黄皮树的根、枝、叶切碎，加入泥后拌和均匀，做成拳头大小的泥块，塞入老鼠洞穴，老鼠咬食后也会中毒丧命。将闹羊花加工制成毒饵，或配制成烟熏剂来毒杀老鼠也有奇效。

采用植物驱鼠效果好，对人畜又安全，而在植物王国里，能够驱鼠灭鼠的植物又很多，只要我们充分利用和发掘，“植物猫”一定会发挥出更大的威力。

麻醉植物

读过《三国演义》的朋友不会忘记第七十五回“关云长刮骨疗毒　吕子明白衣渡江”中的一段故事。当时蜀将关云长被曹仁部弩箭射伤，因箭头有毒，毒已入骨。正在生命危急的时刻，恰有一自称华佗的人特来医治。当整个刮骨去毒的治疗过程在关云长饮酒下棋之间完成时，他大笑而起，对众将说：“此臂伸舒如故，并无痛矣，先生真神医也！”

故事中的华佗（141—208）便是三国时期著名的医学家。他一生中不仅发明了麻沸散，即古代麻醉药，用于外科手术的麻醉；还创造了五禽戏，与现代的保健操相似。据推测，华佗在给关云长动手术前，可能让他服了麻沸散，使手术得以顺利进行。

麻沸散的主要成分是什么？后人经多方考察，推测可能是由一种叫曼陀罗的草药配制而成的。

曼陀罗是一种茄科植物。明代著名医学家李时珍（1518—1593）在《本草纲目》中写道：“八月采此花，七月采火麻子花，阴干后等分磨细，热酒调服三钱，不久便会昏昏欲睡。割疮针灸，若先喝一点，便不觉痛。”可见，我国医学家很早就能正确地认识和运用曼陀罗。

广角镜

曼陀罗

曼陀罗又叫满达、曼扎、曼达、醉心花、狗核桃、洋金花、枫茄花、万桃花、闹羊花、洋金花、大喇叭花、山茄子等，多野生在田间、沟旁、道边、河岸、山坡等地方，原产印度，意译作圆华、白团华、适意华、悦意华等。曼陀罗原产热带及亚热带，我国各省均有分布，喜温暖、向阳及排水良好的砂质壤土，广布全国各地，主要危害棉花、豆类、薯类、蔬菜等。

类似曼陀罗具有麻醉、镇痛作用的植物很多，但由于这类植物在发生药效的时候，往往会使人产生一种特殊的幻觉，所以有人称这类植物为“神秘植物”。

几个世纪以前，人们对这类植物认识还不够深入，留下许多关于这些植物“神秘”药性的记载，并将其广泛应用于巫术中，宣扬这些具有“神力”的植物。

希腊人卡罗斯记录下他擦曼陀药膏后产生幻觉的情形：“我感到自己在空中漫游、看到杜约翰坐在我下面……还看到身下黑黝黝的群山，上面是漆黑的天空，云儿从我身边漂过，我的速度快极了。”

在欧洲和印度，有一种叫曼陀茄的茄科植物，由于其具有与曼陀罗相似的麻醉、镇痛作用，加上曼陀茄常生有类似我国东北人参那样分叉的根，更加神秘。

曼陀茄，又称茄参，具有分叉状，类似人腿一样的根，在中世纪的欧洲常被描述成小小的人形，这种描绘为巫医们宣扬这类植物超自然的特性加强了渲染力和神秘性。由此，曼陀茄常被看作是一种万灵药。有关曼陀茄的传说很多。相传，曼陀茄是发现女神（希腊神话中的智慧之神）赠给公元1世纪希腊第一位本草学者第奥斯考依德斯的礼物。人们除对其治疗和镇痛的功效有记述外，还对其复杂的植物形态加以详细描述。有人还将曼陀茄种入人形模具内，或采回根后进行雕刻加工，以增加其根的人形效果。甚至还有在其根上添画眼、口、鼻等，使其有雌雄根之分。这种人为的加工无疑增强了曼陀茄作为一种万灵药的声誉。

有一种美洲产的仙人掌科植物叫乌羽玉。千百年来美洲的印第安人就是靠服用这种植物来寻求宗教上的心醉神驰，印第安人广泛地在宗教仪式上和静坐冥想中使用它。人服用这种植物的干粉后，会产生一种愉快的、升华的感觉。自从英国小说家奥尔都斯·赫克斯利在《感性认识的途径》一书中描述了服用后的感觉之后，使许多艺术家和小说家都迷上了这种植物，因此，这种植物的干粉被冠以“知识分子麻醉品”的美称。在我国广州华南植物园内，也栽种有这种植物。

有一次在广州，几位研究植物的专家在谈论蔬菜口感的时候，当谈到有些人对番茄的味道感到极不舒服时，华南植物园一位园林工人听到后，告诉大家，好像有一种植物的果实能让人在吃酸的番茄时感到甜。在这位园林工人的指引下，众人在园中寻到一棵树，采到了一粒莲子大小的红色果子，几个人分着先嚼一点果子，然后吃番茄，不仅不觉酸，而且青的番茄也是甜的。原来这是一种20世纪60年代才从西非森林发现的山榄科植物，人们把它命名为神秘果。为什么神秘果能改变人的味觉呢？原来它里面含有“糖朊”这种活性物质，吃了能关闭舌部主管酸、涩、苦味的味觉，开放主管甜味的舌部味蕾，故能暂时引起味觉的变化。神秘果在我国广东、云南已有栽培。

和神秘果的“糖朊”一样，乌羽玉致幻作用主要是因为其含有仙人球毒碱，而曼陀罗和曼陀茄则是含有一种被称作莨菪碱的生物碱，这种生物碱具有麻醉和镇静作用。

知识小链接

莨菪碱

一种莨菪烷型生物碱，又称天仙子碱，存在于许多重要的中草药中，如颠茄、北洋金花和曼陀罗。无色针状晶体。难溶于水，可溶于沸水和乙醇、氯仿。将丁二醛、甲胺和丙酮共混于碱性溶液，经长时间放置可合成莨菪酮。莨菪碱为左旋体，在溶液中易渐渐失去旋光变为消旋体，即颠茄碱，又称为阿托品。

这些植物，在没弄清其成分以前，总被认为是相当神秘的，是有神力的。在世界各地，很早便由江湖术士将其提炼制成蒙汗药、迷魂药和迷魂汤之类的麻醉药品。我国从华佗开始，将其正确运用于医药麻醉至今，已有1800多年的历史。随着科学的发展，许多在过去被认为是神秘莫测的植物已被摘掉其神秘的面纱，越来越广泛地被应用于医药、饮食业。

植物中的“大熊猫”

在动物王国中，胖胖圆圆的大熊猫，以其憨态可掬而备受人们的青睐。在科学研究上，它具有很高的科研价值，是动物世界里仅存的古代哺乳动物“活化石”。在国际市场上，不论你出多少价钱，就是见不到它的影子，真正称得上是无价之宝。

银杉树

大熊猫之珍贵自不待言。现如今，在植物王国里有一种高大常绿树种，不但足以与大熊猫相媲美，而且毫不逊色，它就是生于我国南疆大名鼎鼎的裸子植物——银杉，是我国八种国家一级保护植物之一，是各国植物学界公认的世界上最珍贵的植物之一。由于它给科学研究提供了第一手资料，而被赞誉为“活化石”，有的人甚至亲切地称它为“植物中的熊猫”、“林海里的珍珠”等等。对于这些赞誉银杉是当之无愧的。

银杉是怎样发现的呢？它是在 1955 年 4 月，由广西植物学家钟济新，率领调查队跋山涉水，风餐露宿，深入广西龙胜的花坪原始森林（即现在的花坪自然保护区）调查时发现的。经过一年多的采集、鉴定，在 1957 年由我国植物分类学家陈焕镛、匡可任两位教授确认并命名为银杉。当时，发现银杉的消息传出后，立刻引起世界各国植物学界的轰动，受到世界各国植物学家的高度重视，并认为这是 20 世纪 50 年代植物界的一件大喜事。此后不久，在我国的四川金佛山又发现了 400 多株银杉，以后在湖南新宁、贵州道真、广西金秀等处也陆续有所发现。尤其是 1986 年，在广西金秀瑶族自治县发现的 40 多株银杉，是世界上纬度最低的银杉群落，并且其中一株高达 31 米，胸茎 80 厘米，树龄 500 多年，真可谓是银杉之最。近年来，在三峡库区又发现了大量的裸子植物群落，其中也生存着银杉。据调查，到目前为止，我国共有生长着的银杉 2000 多株。

银杉属于裸子植物，松柏目，松科，银杉属。它是松科家族的一颗明珠，喜欢生活在日照少、湿度大、多雾雨、气温低、土壤排水透气性好、酸性、海拔 1000 米处的高山树林中，为四季常绿的针叶树，它的叶形状细长，呈线形，亮绿色，并在枝干上做螺旋状排列。叶的背面，生有两条银白色的气孔带，为银杉所特有，并由此而得名。银杉树身笔直、雄健，枝干平展，挺拔秀丽，树冠高于邻树，在林中脱颖而出，风吹树动，枝晃叶摇，银光闪闪，给人一种高雅华贵而不矫揉造作，洒脱风流而不落于凡俗的清新感觉，实是不可多得的观赏树种。

我国素有“裸子植物故乡”之美称。我国的裸子植物种类，约占全世界的一半，资源丰富，居世界之首。早在 1000 万年前，银杉在地球上生长十分茂盛，分布也很广，欧亚、北美都有大量的分布。只是到了两三百万年前，在第四纪冰川降临时，由于南欧山脉大多是南北走向，袭来的冰川，整个的覆盖了欧美各地，这样生活在欧美各地的银杉，由于不适应严寒的气候都遭到了毁灭，只有极少数形成化石而留存后世。因此，在德国和俄罗斯西伯利亚偶然发现了银杉的化石时，西方人便笑逐颜开，如获至宝。殊不知，在中国，由于特殊的地理环境和间断性的高山冰川，使得一些低纬度、群山高耸、地形复杂的局部地方成了一些珍稀植物的避难所，得以让许多珍稀植物在冰川袭来时，仍可以在没有冰块的地方生存，也正是这种原因，我国得以保存的古代珍稀裸子植物的种类很多。银杉便是这些幸存者之中的一员。

会跳舞的草

跳舞草也称情草、无风自动草、舞草，也有人戏称其为风流草，是一种多年生落叶灌木，野生主要分布于我国四川、湖北、贵州、广西等地的深山老林之中。它树不像树，似草非草，地植高约100厘米，盆栽高约50厘米左右；茎呈圆柱状，光滑；各叶柄多为3叶片，顶生叶长6～12厘米，侧生一对小叶长3厘米左右。花期在8—10月，小花唇型、紫红色；荚果在10—11月成熟；种子呈黑绿色或灰色，种皮光滑具蜡质。跳舞草对外界环境变化的反应能力令人惊叹不已，如对它播放一首优美的抒情乐曲，它便宛如亭亭玉立的女子，舒展衫袖情意绵绵地舞动；如果对它播放杂乱无章、怪腔怪调的歌曲或大声吵闹，它便“罢舞”，不动也不转，似乎显现出极为反感的“情绪”。

跳舞草

基本小知识

灌　木

灌木是指那些没有明显的主干、呈丛生状态的树木，一般可分为观花、观果、观枝干等几类，矮小而丛生的木本植物。常见灌木有玫瑰、杜鹃、牡丹、小檗、黄杨、沙地柏、铺地柏、连翘、迎春、月季、荆、茉莉、沙柳等。

据科学家研究认为，跳舞草实际上是对一定频率和强度的声波极富感应性的植物，与温度和阳光有着直接的关系。当气温达到24℃以上，且在风和日丽的晴天，它的对对小叶便会自行交叉转动、亲吻和弹跳，两叶转动幅度可达180度以上，然后又弹回原处，再重复转动。当气温在28℃~34℃之间，或在闷热的阴天，或在雨过天晴时，纵观全株，数十双叶片时而如情人双双缠绵般紧紧拥抱，时而又像蜻蜓翩翩飞舞，使人眼花缭乱，给人以清新、美妙、神秘的感受。

当夜幕降临时，它又将叶片竖贴于枝干，紧紧依偎着，真是植物界罕见的风流草。此外，跳舞草还具有药用保健价值，全株均可入药，具有祛瘀生新、舒筋活络之功效，其叶可治骨折；枝茎泡酒服，能强壮筋骨，治疗风湿骨疼。

传说，古时候西双版纳有一位美丽善良的傣族农家少女，名叫多依，她天生酷爱舞蹈，且舞技超群，出神入化。她常常在农闲之际巡回于各族村寨，为广大贫苦的老百姓表演舞蹈。身形优美、翩翩起舞的她好似林间泉边饮水嬉戏的金孔雀，又像田野上空自由飞翔的白仙鹤，观看她跳舞的人都不禁沉醉其间，忘记了烦恼，忘记了忧愁，忘记了痛苦，甚至忘记了自己。天长日久，多依名声渐起，声名远扬。后来，一个可恶的大土司带领众多家丁将多依强抢到她家，并要求多依每天为他跳舞。多依誓死不从，以死相抗，趁看守家丁不注意时逃出来，跳进澜沧江，自溺而亡。许多穷苦的老百姓自发组织起来打捞了多依的尸体，并为她举行了隆重的葬礼。后来，多依的坟上就长出了一种漂亮的小草，每当音乐响起，它便和节而舞，人们都称之为“跳舞草”，并视之为多依的化身。

植物何以不怕冷

植物何以成为抗寒勇士，不畏严寒呢？

当严寒到来，许多动物都加厚了它们的“皮袍子”，深居简出，或者干脆钻到温暖的地下深处去“睡觉”的时候，这些植物“勇士”却依旧精神抖擞地屹然不动，若无其事地伸出它们那绿油油的叶子，好像并没有“感觉”到严寒的来临。

难道植物当真“麻木不仁”，对寒冷完全无动于衷吗？不！过度的寒冷一样可以将植物“冻死”。比如，当植物细胞中的水分一旦结成冰晶后，植物的许多生理活动就会无法进行。更要命的是，冰晶会将细胞壁胀破，使植物招致“杀身之祸”。经过霜冻的青菜、萝卜，吃起来不是又甜又软吗？甜是因为它们将一部分淀粉转化成了糖，而软就是细胞组织已被破坏的缘故。

不过要使植物体内的水分结冻，并不太容易。比如娇嫩的白菜，要在-15℃才会结冰，萝卜等可以经受-20℃而不结冰，许多常绿树木，甚至在零下四五十摄氏度还依然不会结冰。其中的秘密何在呢？

如果说，粗大的树木可以用寒气不易侵入来解释，那么，细小的树枝和树叶，娇嫩的蔬菜，何以也不易结冰呢？白菜、萝卜、番薯等遇上寒冷时，会将贮存的部分淀粉转化为糖分，植物体内的水中溶有糖后，水就不易结冰，这也确是事实。但这不是植物不怕冷的主要原因。

要知道，1千克水中溶解180克葡萄糖后，水的结冰温度才会下降1.86℃，即使这些糖溶液浓到像糖浆一样，也只能使结冰温度下降七八摄氏度。可见其中一定另有缘故。

原来植物体内的水分有两种，一种为普通水，还有一种叫“结合水”。所谓“结合水”，按它的化学组成而言，和普通水并无两样，只是普通水的分子排列比较凌乱，可以到处流动，而结合水的分子，却以十分整齐的“队形”排列在植物组织周围，和植物组织亲密地“结合”在一起，不肯轻易分开，因此被叫作结合水。有趣的是，化学家发现结合水的“脾气”，和普通水大不相同，比如普通水在100℃沸腾，0℃时结冰，可是结合水却要高于100℃才沸腾，比0℃低得多的温度才结冰。冬天，植物体内的普通水减少了，结合水所占的比例就相对增加。由于结合水要在比0℃低得多的温度才结冰，自然植物也就不怕冷了。

植物“啃”石头

大千世界无奇不有。“蚂蚁啃骨头”的事虽然极为罕见，但蚂蚁毕竟有嘴，然而植物并没有嘴，居然也能“啃”石头，这就有点让人难以置信了。

看看这个实例：

取一只花盆，在盆的底部放一小块磨光了的大理石或其他石板，上面再装满洗干净的沙子，在沙子中栽一株豆科植物。从种子萌发开始，一直浇灌预先配制好的营养液，让它在正常条件下生长。

由于放在盆底的大理石中含有钙，因此，在配制营养液时避免使用含有钙的溶液，这样植物就不得不设法从石头中吸取钙了。

一个多月以后，等盆中的植物长得相当大了，把放在盆底的大理石取出来，我们就可以清楚地看到石板上面有许多被根群侵蚀了的网状痕迹。这些痕迹就是被许多根群“啃”出来的。

我们也可做个简单的小实验，在花盆中央放一块小石头，在它的四周装满泥沙，上面再种一些植物，常常浇些水及其他含磷肥料。等植物长大以后，小心地把土掘开来看看，很可能根群已把这块石头紧紧地包围起来，并把它“啃”得体无完肤。

这一切究竟是怎样实现的呢？

广角镜

有机酸

有机酸是指一些具有酸性的有机化合物，最常见的有机酸是羧酸，其酸性源于羧基（$-COOH$）。磺酸（$-SO_3H$）、亚磺酸（RSOOH）、硫羧酸（RCOSH）等也属于有机酸。有机酸可与醇反应生成酯。

原来，植物的根在呼吸（凡是植物的活组织都要进行呼吸作用）时放出的二氧化碳，遇到水便形成碳酸。此外，根部还能分泌出柠檬酸、苹果酸、葡萄糖酸等有机酸。这些酸类都有溶解难溶的矿物质的能力。植物就是利用它们来溶解石头，从而获得所需要的营养的。

所以，植物的确是能“啃”石头的，不过它们的武器不是嘴，而是根。

靠“寄生”生活的植物

在高等植物中，绝大部分的种类都能自食其力，但有一部分却过着不劳而获的寄生生活。我国寄生植物的种类很多，形形色色，不胜枚举。菟丝子是植物界中一种很厉害的“寄生虫”。

夏天，走进大豆的地里，可以见到绿色的豆萁上常常缠绕着金黄色的细丝，这就是有名的寄生植物菟丝子。菟丝子一旦泛滥成灾，大豆就会遭殃，被菟丝子弄得“面黄肌瘦”，奄奄一息。

菟丝子

菟丝子浑身金黄，底下无根，所以又叫黄丝藤、无根草。每年四五月间，春暖花开，从土里钻出一条条“小白蛇”似的幼苗。幼苗出土后的两三个星期内，还过着独立的生活，吸收种子胚乳内的营养物质。幼苗在大豆地里左右转动，向上生长，上半截还卷成一个个小圈圈。这些小圈圈一旦碰到大豆茎上，就牢牢缠住不放，顺着大豆的茎继续向上爬，而且缠得越来越紧。菟丝子的细茎上，长有很多寄生根，它们可以伸入大豆的茎、叶里去，吸收大豆体内的养料。从此菟丝子就过着不劳而获的寄生生活。它的叶子和下部的根就成了多余的东西，于是，根死去，叶子退化，形成半透明的小鳞片。

菟丝子蔓延很快，主茎上不断长出新的细胞，这些新生的细茎又可继续缠绕寄生了。因此，我们在一株大豆上往往可以看到很多很多的菟丝子缠绕细茎。这种缠绕茎最长可达 1 米以上。大豆植株一旦被菟丝子寄生以后，营养物质被夺走，逐渐变得消瘦、枯黄，甚至死亡。而得意的菟丝子却开始开花结果。

菟丝子的花是黄白色的，每个果实里有 1 ~ 3 粒种子。秋天，种子开始成熟，一株菟丝子可以结出 2000 ~ 3000 颗种子。这些种子有的撒在大地上，有的随大豆被收走。种子在土里可生活上 4—5 年。第二年 4—5 月，这些“小寄生虫”又从土中钻出，继续干它们的坏事。

菟丝子种类约有 170 种，它们有的寄生在大豆上，有的寄生在亚麻、车轴草、苜蓿、棉花、烟草、土豆和十字花科的一些杂草身上，甚至还有寄生在葡萄和其他果树上的。它们具有一定的寄生专一性，一种菟丝子往往只寄生在一种或几种作物身上。

趣味点击　烟　草

烟草是茄科一年生草本植物，烟草属大约有 60 多种，但真正用于制造卷烟和烟丝的基本只有红花烟草，此外还有少部分用黄花烟草，其他品种很少用。第一个把烟草当作药物的大使——1560 年，当时烟草还不流行，法国驻葡萄牙大使让·尼科把烟草作为治疗许多疾病的药物寄回国。几百年后，化学家们终于揭示出烟草中的所误用能治病的药物是有害物质，并取名为尼古丁。

当我们在野外旅游时，也许会看到一种别致的花，在茂盛的禾草茎叶丛中生出两枝烟斗形的花来，那花冠管状，口部有圆裂片，样子非常别致。如果碰到这种情况，千万不要错过好机会，我们把地掘开，来看真相：

原来禾草本身是开不出这种形状的花来的，这种花是野菰的花。它是一种寄生植物，用根寄生在禾草的根上，靠禾草供给水分和养分。野菰自己除花枝以外，没有正常的绿叶，只有很少几个小鳞片状叶生于花梗茎部，它全靠寄生生活，而花朵开得较大，还带紫色，颇为漂亮。

知识小链接

列当科

列当科是唇形目中的一科，在此以下有25个属，以及超过200个种，而很多在此科下的种多也包含在玄参目，形成单源的组群及不同的科。寄生草本，无叶绿素，或只有少许叶绿素。叶鳞形，互生。花单生于叶腋或苞腋，常集成顶生总状或穗状花序，两性，萼2～5片，花冠5片，二唇形，裂片覆瓦状排列。

野菰属于列当科野菰属，约有10种，我国有3种，野菰是其中之一，分布于东南、华南至西南地区。此外印度、马来西亚及日本等地也有。它总喜欢寄生在禾木科植物的根上，在江西庐山的山沟林木中能找到它。它还是一种药用植物，有解毒消肿的效用。

根寄生的植物很多，不止野菰一种。

植物王国中，少部分有花植物靠寄生或半寄生为生。例如，桑寄生科的多种植物就是半寄生的，它一方面寄生在树木上，靠吸收别的树木的养分、水分为生；另一方面它本身又有黄绿色的叶子，可以光合作用，自制一部分养分。在北方常见的槲寄生和北桑寄生都是明显的例证。有趣的是在西藏和云南分布的桑寄生枝干上竟然有另外的寄生植物寄生，它们专靠“吃”桑寄生为生，形成寄生吃寄生的奇异现象。植物学上把这种寄生植物叫作“重寄生”。靠重寄生为生的植物全世界约有7种，我国有4种，分布于云南、广东等地。

重寄生属于檀香科的植物，西藏墨脱产的一种叫扁穗重寄生，是一种细小灌木，茎高不过20厘米，粗糙而形扁，直径不过2～3毫米，叶子极小，退化成鳞片状，常见其由它的寄主（桑寄生类植物的）枝条上抽出花序来，花小，雌雄异株，果实为核果或坚果，果球形或卵形。这种西藏东南部的墨脱只有1种，喜生存于阔叶林内。

在印度尼西亚的爪哇和苏门答腊等地的密林里，有一种植物叫大王花，既没有根，也没有茎和叶，只开一朵花。这朵花可大得惊人！直径可达1米多，每朵花有5个又大又厚的花瓣，每个瓣长30～40厘米，较薄的地方有5毫米，最厚的地方竟达15毫米。5个花瓣的中间还有一个直径33厘米左右的大蜜槽，约有30厘米高，像只大面盆，可以盛5千克水。一朵花足有三四千克重，最重的可达14千克，甚至可以藏一个人呢！这种花可以说是世界上最大的花了。它的花大得惊人，它的种子小得也可以说惊人，种子比小米还小得多，肉眼几乎很难分辨。

这种既没有茎和叶的植物，寄生在野生植物白粉藤的根茎上，靠吸取别人的养分来养活自己。它一生只开一朵花。这朵花为什么开得这么大呢？我们知道，繁殖后代是一切植物具有的特征，为了确保子子孙孙代代相传，植物会想尽办法，不遗余力，同时也是“不择手段”的。

会捉虫子的植物

动物吃植物这很正常，植物也能吃动物吗？答案是肯定的。世界上有500多种会吃动物的植物，在植物界中组成了一个特殊的类群。这些食肉植物，主要以捕食昆虫为主。

在《长白山珍奇》这部科教影片中，我们就可看到这样一个有趣的镜头：一只小昆虫飞到花草丛中，落在茅膏菜的叶子上，顷刻之间，叶片上所有的腺毛几乎同时向内弯曲，将小生命紧紧缠住，可怜的小昆虫挣扎了一阵子，终于成了茅膏菜的盘中美餐。

影片中拍摄的茅膏菜就是一种能吃昆虫的植物，它是一种多年生的小草，有明显的茎，高约10～30厘米。叶片在茎上交互着生，有细柄，每片叶子呈半月形或球形，很小很小，宽只有2.5～4毫米，边缘长有密密层层的腺毛，共计200多条，每条腺毛的末端膨大成小球，紫红色，能分泌透明的黏液，并可放出奇异的香味，用来引诱昆虫。白天，阳光射来，这些紫红色的小球闪闪发亮，像一颗颗珍珠。这些腺毛就是茅膏菜的捕虫工具。

茅膏菜的捕虫方式真是灵活机动，如果其中一片叶子捕到了较大的猎物，邻近的叶子会前来相助，共同将猎物处死。如果一片叶子上落有两个昆虫，它就施展“分兵术”，其中一部分腺毛对付一个昆虫，而另一部分腺毛则去对付另一个昆虫，两个昆虫一个也跑不了。当它逮住昆虫以后，叶片上的很多无柄分泌腺立刻分泌消化液。这种消化液很像人的消化液，能消化肉类、脂肪、血以及小块的骨头，甚至硬似金属的牙齿珐琅质也能被消化掉。待小昆虫全部被消化掉以后，腺毛又可重新伸直。

茅膏菜

茅膏菜属于茅膏菜科，这种捕虫小草，到了开花季节，可以开出小小的白花。它分布在热带、亚热带和澳大利亚。我国华东、中南及西南各省区都有茅膏菜生长。它经常生长在山坡草甸中或林边，茅膏菜的球茎及全草均可入药，内服能清热解毒、利湿，外用能活血消肿、散结止痛。主治感冒发热，咽喉肿痛，痢疾；外治瘰疬，跌打损伤，风湿痛等症。

基本小知识

茅膏菜科

双子叶植物纲五桠果亚纲的一科。食虫草本，稀亚灌木，多生于强酸性的湿地，惟貉藻浮生水中。叶互生（貉藻叶轮生），常基出成镶嵌式。花两性，整齐，有限花序，但呈总状花序或圆锥花序状，萼片4~5，花瓣5，雄蕊常5，有时多至20；雌蕊1，由3~5心皮合成，子房上位，有时近半下位，1室，有倒生胚珠数至多枚。

跟茅膏菜捕虫方式相同的还有一种叫毛毡苔的植物，它也属于茅膏菜科。毛毡苔也是多年生草本植物，叶全从基部长出，成莲座状，叶柄细长，叶片近圆形，生满红紫色腺毛，分泌黏液，用以捕食小虫。当小虫落到叶面时，腺毛就自动包围小虫，并分泌黏液，消化虫体吸收为养料。毛毡苔对于落在它叶子上的东西，有很强的鉴别能力。如果不是它要“吃”的东西，它绝不会理睬。例如，它对人们故意放在它叶子上的砂粒无动于衷。毛毡苔也开白花，常生长在山谷溪边或池沼地带湿草甸中，这种植物分布于亚洲、欧洲及北美洲，我国也有分布。

在葡萄牙、西班牙和摩洛哥等国，也有一种食虫植物，名叫露叶花，是一种草本植物，也属于茅膏菜科，这种草的茎高 20 ~ 30 厘米，茎上一般无叶，上部生出稀疏的两三朵花，花下有苞片，花有梗。花形有点像梅花，五瓣整齐，雄蕊有数十个。叶全基生、簇生（丛生），长带状，先端渐尖形。这种草奇特的地方是全身（不论茎和叶）都有腺毛。它的腺毛极为特殊，有两种毛，一种腺毛有柄，叫作粘毛，能分泌黏液，黏液极粘，好像化学糨糊一样；另一种腺毛无柄，能分泌一种消化液，能消化含氮物质。奇怪的是液面有一道沟，叶片能内卷，而这些粘毛分泌液充满沟中。毛本身又呈现出美丽的红色或紫色。当昆虫飞到叶上时，即被带柄的腺毛粘住不得脱身，几经挣扎终难逃脱而死，虫体被无柄腺毛的分泌液消化吸收。有人做过试验，将蛋白或小肉片等物放在叶面沟中，不消几小时，就消化吸收许多。这时需要间歇一些时间，又再分泌消化液重新进行工作。

露叶花叶片长如带子，不同于其他种类，在葡萄牙，居民利用这个特点将它挂在门前、窗前，夏天许多蚊蝇都被粘住而死，是天然的除蝇器。

其他的食虫植物还有很多，仅茅膏菜科就有 4 属约 100 多种，其中以茅膏菜属最多，约 100 种，它们都是叶子有粘毛，腺毛能捉小虫的植物；它们的叶形变化大，有的种类叶子较短，有的种类叶子较长，甚至长如线形。另外，还有一种叫孔雀捕蝇草的，这种植物是 18 世纪中叶在美洲的森林沼泽地内发现的，因为长得美丽，花葶上部有许多较大的白色花朵，故叫孔雀捕蝇草。它下部的叶根生，长形、绿色，沿中脉分为两部分，上部呈蚌壳形，边缘有约 20 个细长的尖齿，叶片中间每半叶片生出三根有感觉的刚毛，叶片上还有小颗粒，形似珍珠宝石，呈绛红色。由于色彩美，能吸引昆虫来访，昆虫一旦停在叶上，触及叶片的刚毛时，叶片上部带齿部分即猛然对扣合拢，于是虫子再也跑不掉了，此时，叶片分泌消化液，将虫体消化。过几天后，叶片再打开，等待捕获新猎物。

还有一种多年生水生漂浮食虫植物叫貉藻，到了冬季，梢头紧缩成球而越年，茎长6~10厘米，有1~4条分枝，叶6~9片轮生，叶片以中脉为轴，两边互相紧合，包裹水里的硅藻或甲壳动物，并分泌消化液（为蛋白质分解酶）将食物吸收。貉藻分布于我国黑龙江省，在亚洲其他地区和欧洲也有，它们多生在沼泽和水田中。

狸藻也是一种水生食虫植物，为一年生的沉水草本植物，秋季，花茎伸出水面，上开3~6朵小花，花冠唇形、黄色。它的根很不发达，茎细长，有1~4条分枝，叶6~9枚，轮生，羽状复叶，分裂为无数丝状的裂片。裂片基部生有球状小口袋，用来捕食微小生物，叫捕虫囊，这种小口袋很像南方渔民捕捉鱼虾时用的鱼篓子，有一个开口，入口处有一个只能向里开的盖子，水中游动着的小虫子，如果碰到袋口的盖子，盖子立刻自动向内打开，于是，小虫就顺着水流流进了口袋。可怜的小虫子进去之后就再也出不来了，成了狸藻的食物。如果猎物较大，不能全部进入捕虫袋，它就只吞食其头部或尾部。有时一个捕虫袋吞食虫子的头部，而另一个捕虫袋吞食虫子的尾部，分而食之。不过，狸藻不能分泌消化液，只有等到被捕的小虫子死去之后，烂掉了，才能吸收其中的营养物质。

基本小知识

花冠

花冠是一朵花中所有花瓣的总称，位于花萼的上方或内方，排列成一轮或多轮，多具有鲜亮的色彩，因形似王冠，故称之为“花冠”。花冠与萼片比相对较薄，结构与萼片相似而缺少叶绿体。花瓣的鲜艳色彩主要来源于细胞中的有色体与液泡中的花青素类色素（类黄酮）。在含有色体时，花瓣常呈黄色、橙色或橙红色；而含花青素的花瓣常显红、蓝、紫等色。

狸藻分布于东亚及东南亚各地，我国各地都有分布。它通常生活在水稻田、池沼、水塘中。

狸藻属是食虫植物中最大的一个属，该属植物约有275种，我国约有17种。狸藻属的植物大多是水生的，但也有一些陆生种类。如南美森林中的一种陆生狸藻，就生长在枯枝落叶上。还有一些狸藻，专门依靠苔藓生长。这些陆生狸藻专门捕食空气中的微小生物。

还有一种开蓝紫花的捕虫堇，也属于狸藻科。它的叶椭圆形，丛生，尖端向外弯曲，边缘内卷，叶面上分泌分别负责黏液和消化液的两种腺体。当昆虫落在叶面时，就被叶面上的有柄腺体分泌的黏液粘住，叶缘迅速内卷，将猎物包住。无柄腺体分泌消化液将昆虫慢慢消化。美国、加拿大、俄罗斯、瑞典和丹麦都有这种捕虫植物。

瓶子草科中全部都是食虫植物。其中种类较多的是瓶子草属，有7种，著名的食虫植物有3种，它们是：紫红瓶子草、斑孔瓶子草和裂盖瓶子草。紫红瓶子草在北美很多，被誉为纽芬兰省的“省花”。它那瓶子状的叶(像猪笼草一样)呈紫红色，花葶上出一花，也是紫红色的。开花期为5月下旬—7月。瓶状叶的下部有水状液，实际是消化液，瓶状叶内壁光滑有蜜腺，有倒刺毛，当虫子为蜜所引而不慎陷入瓶底，就无法再出来了。虫子被淹死并被消化液所消化，被瓶状叶吸收为营养。“瓶子”里的水是根部吸收来贮存的。其他

拓展阅读

瓶子草科

双子叶植物纲五桠果亚纲的一科。多年生食虫植物，具根状茎，喜生沼泽地。叶丛生于基部，筒状，似瓶或喇叭，前侧伸出一翅，此筒状叶即捕虫器，筒内下部常有下向的毛，阻止堕入筒内的小虫逃逸。花大，两性，整齐，单生于花茎顶上，花被2列，萼片4~5或4~6，宿存，花瓣5，稀缺，黄、红或紫色，雄蕊多数，雌蕊1，子房上位，由3~5心皮组成，有3~5室，3~5浅裂，中轴胎座，有多数胚珠，花柱1，顶端短2裂。

两种只是瓶子形状变长了，好像管状的，其捉虫办法与紫红瓶子草差不多。

眼镜蛇状瓶子草名副其实，因为它的管状叶顶部似眼镜蛇头部，管状叶延伸出两个舌状的附属物似蛇舌。这种瓶子草的管状叶也有液体，捉虫消化均与前几种相似。由于形态特殊，故单有一属而不属于瓶子草属。

另外还有一科，叫作澳洲瓶子草科，仅一属一种，叫作澳洲瓶子草，产于澳大利亚西部。它有两种叶子，一种为瓶子形状的，可以捕虫，方法与前述诸种瓶子草相似。另一种叶子片状，即为普通叶子，绿色，可进行光合作用。因此，它是独立营生，捕虫加餐补充蛋白质类的营养。它的花较小、较多，集生于花葶的上段。

猪笼草

在食虫植物中，大家最熟悉的要算是猪笼科的猪笼草了。这种植物大多数生长在印度洋、太平洋群岛，马达加斯加、斯里兰卡、印度尼西亚等热带森林里，我国广东南部及云南等省也有分布。

还有一类非常古怪的捕虫植物，它们的种子在发芽期间能分泌黏液。美国杜莱恩大学的巴伯博士曾经注意到蚊子幼虫被吸收到荠菜种子的黏液里给粘住的情况。这些蚊子幼虫一旦被捕，就无法逃脱，不久便会死去。种子分泌的这些黏液，能将蚊子幼虫消化掉，消化后的营养物质都被种子吸收了。另外，秘鲁首都郊外的国际马铃薯中心，收集到一种野生的马铃薯，发现它的叶子上长着两种毛。一种细长的毛能分泌黏液，粘捕飞虫；另一种是短毛，碰伤后流出的毒汁能将猎物杀死。

食虫植物跟其他绿色开花植物相比较，既有共同的特点，即能进行光合作用，又有不同之处，也就是它们能利用特殊的器官捕食昆虫，能依靠外界现成的有机物（主要是蛋白质）来生活。因此，食虫植物是一种奇特的兼有两种营养方式的绿色开花植物。那么，食虫植物为什么非要“吃”动物不可呢？这是因为这些植物的根系不发达，吸收能力差。另外，跟它们长期生活在缺乏氮素的环境（如热带、亚热带的沼泽地）有关。假如它们完全依靠根系吸收的氮素来维持生活，那么在长期的生存斗争中早就淘汰了，幸亏它们获得了捕捉动物的本领，还可以从被消化的动物中补充氮素。人们发现，食虫植物如果很久捕不到昆虫，也照样可以生存，利用它们的叶子进行光合作用，制造有机物，维持正常生活。但是，在实验室通过对照实验证明，经常吃到荤腥的植株要比不喂昆虫的植株长得茂盛、健壮，而且花开得也比较多，结出的果实也比较饱满。由此可见，这些“荤腥”食物对这些食“肉”植物来说，意义重大。如果它们长期吃不到这些“荤腥”食品，虽能维持生机，但会造成营养不良。

能产大米的树

在菲律宾、印度尼西亚等东南亚国家的岛屿上，生长着一种能产“大米”的树，名叫西谷椰子树，当地人称它“米树”。

西谷椰子树树干挺直，叶子很大，约有 3 ~ 6 米，终年常绿，树干长得很快，10 年就可以长成 10 ~ 20 米高，但是这种树寿命很短，只有 10—20 年，一生中只开一次花，开花后不到 12 个月就枯死了，结的果实只有杏子那么大。

西谷椰子树的树皮坚韧，但里面却很柔软，全是淀粉，开花之前，是树干一生中淀粉贮存的最高峰。然而奇怪的是，这些积存了一生的几百千克的淀粉，竟会在它开花后的很短时间内消失，枯死后的米树只剩下一株空空的树干。所以要在它开花之前将它砍倒，切成几段，然后再从中劈开，刮取树干内的淀粉。接着将它们浸在水里搅拌，水就变得像乳白色的米汤一样，然后将沉淀的淀粉加工成一粒粒洁白晶莹的“大米”，人称“西谷米”，用它做饭，就像普通米饭那样香软。

自古以来，米树生产的“大米”一直是当地人的重要食粮。据测定，这种米所含的蛋白质、脂肪、碳水化合物等，一点也不比大米差，目前世界上仍有几百万人依靠西谷米维持生活。

西谷米不怕虫蛀，可以用来做纺织工业的浆料，在市场上很受欢迎。

能产石油的植物

当今世界，汽油和柴油的消耗量越来越大。光是全世界每年新增汽车的汽油消耗量就很大。但是，全世界的石油蕴藏量是固定的。目前世界上石油的蕴藏量大约为 2300 亿吨，如果全世界像目前这样用下去，在 100—200 年内，石油资源就要枯竭。所以寻找新的能源或石油代用品就成了全世界面临的大问题。可喜的是，经过各国科学家千方百计的考察研究，发现在野生植物中有不少可以提取“石油”的植物。

据美国科学家研究，有一种叫大牛角瓜的植物，它的乙烷萃取物含有丰富的烃类液体，其碳氢比例和原油相近，是一种新的烃类能源，它可作为石油的代用品。澳大利亚科学家估计 1 公顷的大牛角瓜每年可提炼出 2340 加仑的“石油”，这个数量是相当可观的。大牛角瓜分布在美洲加勒比海、中美、南美、大洋洲、非洲、印度等国家。目前我国还没发现有此种植物，但发现有很多同属同科植物牛角瓜，据研究它作为未来的石油代用品，也是大有希望的。

油楠也是一种能产“石油”的植物。它是苏木亚科油楠属乔木，高 10 ~ 30 米，最粗的直径在 1 米以上。全世界有 10 多种，主要分布在越南、泰国、马来西亚、菲律宾和我国海南岛的热带森林中。

油楠浑身含有油液，当油楠树干长到 12 ~ 15 米高时就可出油。在树干上钻个 5 厘米大小的孔，经过 2—3 小时后，从孔中即可流出 5 ~ 10 升淡黄色油液。这些油液不需要加工，就可放在柴油机内做燃料使用。如果把一棵树伐倒，树心部分的油液就会顺流而出。由此可见此树含油之多，所以当地人称之为“柴油树”。我国的海南岛也有这种“柴油树”。

还有一种树，它全身光溜溜的，长到9米高，全身见不到一片叶子，所以得了个“光棍树”的雅号。又因为它长到几米高，茎枝青绿光滑无叶，像绿色翡翠，因此又得名“绿玉树”。另外，它还有“神仙棒”、“青珊瑚”等别名。光棍树全身含有剧毒的白色乳汁，日本、美国的研究人员认为光棍树的剧毒乳汁中含有的碳氢化合物与原油相近，而且碳氢化合物的含量很高，因此光棍树也是很有希望的石油代用品。

你知道吗

苏木亚科

苏木亚科，也称云实亚科，是豆科的一个亚科，都是木本，有乔木也有灌木，大约有150属2200种，广泛分布在全世界热带和亚热带地区，尤其是在新热带界和非洲，中国有20属100余种。花序总状，稍微呈两侧对称，分离，上升覆瓦状排列，5枚左右对称的花瓣，雄蕊10或较少，多数分离。

除以上几种植物之外，还有一些野草中也含有石油，如桉树藤含油量还相当高，每年每公顷可产70桶“石油”，这也是一个了不起的数字。

会“吐水”灭火的树

在巴西，有一种长相特别的巨型大树，第一次见到它的人都免不了要驻足停留，人们称它为萝卜树，并不是说这种树结萝卜，而是它的模样长得很像大萝卜，上下两头细、中间粗。

萝卜树属于木棉科的大乔木，树高能达30米左右，最粗的部位直径可达5米，在细而尖的树干顶端，长着稀疏叶片的树枝，就像萝卜露出地表的萝卜缨子一样。

知识小链接

木棉科

木棉科，锦葵目的一科。该科约有20属，180种，广布于热带（特别是美洲）地区。我国原产1属2种，引种栽培5属5种。乔木或灌木，与锦葵科近缘，是热带的特征科。花通常大而美丽。

雨季时，萝卜树高高的树顶上生出枝条和心脏形的叶片，旱季来临，绿叶纷纷凋零，红花开放，这时的萝卜树仿佛成了插有红花的特大花瓶，所以人们又称它瓶子树。

叫它瓶子树还跟它的另一特性有关，一般一棵萝卜树可以贮水2吨之多，犹如一个绿色的水塔，可以为旅行者提供水源。人们只要在树上挖个小孔，清新解渴的“饮料”便可“源源不断”地流出来，解决在旅途中的缺水之急。一旦发生火情，人们还把它当成“消防水桶”，所以当地人对这种“雪中送炭”的树非常喜欢。

萝卜树

萝卜树这一储水特性，跟其生活环境有关。萝卜树生长在热带雨林和草原之间的地带，一年里既有雨季，也有旱季。雨季时，萝卜树发达的根系不断吸收水分，贮水备用。在漫长的旱季中，别的树都枯黄了，它却生机旺盛，全靠肚里的水分生存。

昙花为什么只在晚上开花

昙花是灌木状肉质植物，高 1～2 米。主枝直立，圆柱形，茎不规则分枝，茎节叶状扁平，长 15～60 厘米，宽约 6 厘米，绿色，边缘波状或缺凹，无刺，中肋粗厚，无叶片。花自茎片边缘的凹口发出，大形，两侧对称，长 25～30 厘米，宽约 10 厘米，白色，花被管比裂片长，花被片白色，干时黄色，雄蕊细长，多数花柱白色，长于雄蕊，柱头线状，16～18 裂。浆果长圆形，红色，具枞棱有汁。种子多。

基本小知识

肉质植物

多肉植物亦称多浆植物、肉质植物，在园艺上有时称多肉花卉，但以多肉植物这个名称最为常用。多肉植物是指植物营养器官的某一部分，如茎或叶或根（少数种类兼有两部分）具有发达的薄壁组织用以贮藏水分，在外形上显得肥厚多汁的一类植物。它们大部分生长在干旱或一年中有一段时间干旱的地区，每年有很长的时间根部吸收不到水分，仅靠体内贮藏的水分维持生命。

昙花枝叶翠绿，颇为潇洒，每逢夏秋夜深人静时，展现美姿秀色。此时，清香四溢，光彩夺目。盆栽适于点缀客室、阳台和接待厅。在南方可地栽，若满展于架，花开时令，犹如大片飞雪，甚为壮观。昙花的开花季节一般在 6—10 月，开花的时间一般在晚上 8—9 点钟以后，盛开的时间只有 3—4 个小时，非常短促。昙花开放时，花筒慢慢翘起，绛紫色的外衣慢慢打开，然后由 20 多片花瓣组成的、洁白如雪的大花朵就开放了。开放时花瓣和花蕊都在颤动，艳丽动人。三四个小时后，花冠闭合，花朵很快就凋谢了，人们常用“昙花一现”来形容出现不久，顷刻消逝的事物。

昙花为什么不在白天而在夜间开花呢？这奇异的开花特性要从它的原产

地的气候与地理特点谈起。昙花生长在美洲墨西哥至巴西的热带沙漠中。那里的气候又干又热，但到晚上就凉快多了。晚上开花，可以避开强烈的阳光曝晒，既可缩短开花时间，又可以大大减少水分的损失，有利于它的生存，使它生命得到延续。于是天长日久，昙花在夜间短时间开花的特性就逐渐形成，代代相传至今了。

百岁兰为什么百年不落叶

树木到了秋天，叶子一般都变黄脱落，即使是四季常青的松树每年也会更换新叶。但是有一种植物，它可以百年不落叶，这是什么植物呢?

在安哥拉海岸，生长着一种叫百岁兰的植物。它一生只长两片叶子，从不凋谢，在叶片基部生长的同时，叶片末端开始干枯。它的叶子常青不落，而且能活百年以上，叶子的寿命为植物界中最长的。百岁兰的根系特别发达，能扎到地底下很深的地方，这样能吸收到大量的水分，保证茎和叶片的水分需求。百岁兰的叶子正是有了充足的水分，所以一年到头，都保持着旺盛的生命力。在百岁兰的原产地非洲纳米比亚沙漠，有一株寿命达 2000 岁以上的百岁兰，它的叶片宽达 1 米多，长达 10 余米，极为珍贵。

为什么花粉能让人得病

有的人在每年春天的固定时候就会得很奇怪的病，轻的面部长满红痘，不停地流泪流鼻涕，重的喘气不止。然而过了一段时间，不吃药不打针也就好了。这些和人类开玩笑的“病菌”，其实是花粉。我们都知道，花瓣里长着雌蕊和雄蕊，花蕊顶上有许多细小的花粉，当花开时节，蜜蜂、蝴蝶等昆虫都会飞过来传粉。风也会帮助花传粉，但一些花粉通过风吹到人的皮肤上，就会对有花粉过敏的人造成影响。经过植物学家和医学家的联合研究，发现

广角镜

天 花

由天花病毒引起的烈性传染病。通过接触或飞沫传播刊期症状有高热、头痛、全身酸痛、呕吐等，继而依次成批出现斑疹、丘疹、疱疹和脓疱，最后结痂，脱痂后留有痘瘢（俗称“麻子”）。中医学称痘疮。接种牛痘 可预防。

有些花粉中含有一种特殊的蛋白质，这种蛋白质会使某些人引起过敏反应。要预防“花粉病”就必须知道引起过敏的是哪种花粉。如果你是花粉过敏患者，又不知道对什么花粉过敏，可以在自家的窗台上放上涂满凡士林的玻璃片，然后收集上面的花粉。确认是哪种花粉以后，就用这种花粉做成疫苗，像种牛痘一样预先注射到体内，以后就不会再得这种病了。

基本小知识

花 粉

种子植物特有的结构，相当于一个小孢子和由它发育的前期雄配子体。在被子植物成熟花粉粒中包含2个或3个细胞，即一个营养细胞和一个生殖细胞或由其分裂产生的两个精子。

向日葵向日的秘密

人们很早就发现，向日葵一天到晚，总是面对着太阳转来转去，你知道这是为什么吗？

原来，植物身上都有一种叫作生长素的物质，它能使植物长得又高又大，但就是胆小怕阳光。向日葵颈部的生长素一见阳光，就跑到背光的侧面去躲避起来，于是，背光这一面的生长素就越来越多，它们便促使这一面长得特别快，而向阳的一面却长得慢些，于是植物就向有光的一边弯曲。随着太阳在空中的移动，植物生长素也像“捉迷藏”一样，不断地背着阳光移动。另外，向日葵向着太阳转能够刺激细胞的生长，加速细胞的分裂繁殖。随着太阳在空中的移动，植物生长素也在茎内不断地背着阳光移动，并且刺激背光的一面细胞迅速分裂，于是，背光的一面比向阳的一面生长的快，这样，就使整个花盘朝着太阳弯曲。

绕日向日葵

因此，我们常常看到向日葵花盘始终对着太阳，每天从东转到西，周而复始。

那么，除了向日葵，还有许多种植物的花或叶子也都能向着太阳长生，它们是不是也是因为生长素怕光的原因呢？不是的，它们向太阳生长，是为了得到更多的阳光，制造出更多的营养物质来，从而使自己长得更好一些。

鸽子树——珙桐

珙桐，落叶乔木，花奇色美，是1000万年前新生代第三纪留下的孑遗植物。在第四纪冰川时期，大部分地区的珙桐相继灭绝，只有在我国南方的一些地区幸存下来。珙桐有“植物活化石”之称，是国家八种一级重点保护植物中的珍品，为我国独有的珍稀名贵观赏植物，又是制作细木雕刻、名贵家具的优质木材。

鸽子树

在我国，珙桐分布很广，贵州的梵净山、湖北的神农架、四川的峨眉山等处都有生长，在湖南桑植县天平山海拔 700 米处，还发现了 70 万平方米的珙桐纯林，这也是目前发现的珙桐最集中的地方。自从 1869 年珙桐在四川穆坪被发现以后，珙桐先后为各国所引种，以致成为各国人民喜爱的名贵观赏树种。

珙桐喜欢生长在海拔 700 ~ 1600 米的深山云雾中，要求较大的空气湿度。喜中性或微酸性腐殖质深厚的土壤，在干燥多风、日光直射之处生长不良，不耐瘠薄，不耐干旱。幼苗生长缓慢，喜阴湿，成年树趋于喜光。

珙桐枝叶繁茂，叶大如桑，花形似鸽子展翅。白色的大苞片似鸽子的翅膀，暗红色的头状花序如鸽子的头部，绿黄色的柱头像鸽子的嘴喙，当花盛时，似满树白鸽展翅欲飞，并有象征和平的含意，被誉为“中国鸽子树”。

你知道吗

神农架

神农架位于湖北省西部边陲，东与湖北省保康县接壤，西与重庆市巫山县毗邻，南依兴山、巴东而濒三峡，北倚房县、竹山县且近武当山，总面积 3253 平方公里，辖 5 镇 3 乡和 1 个国家级森林及野生动物类型自然保护区、1 个国有森工企业林业管理局、1 个国家湿地公园，林地占 85% 以上，总人口 8 万人。神农架是 1970 年经国务院批准建制，直属湖北省管辖，是我国唯一以“林区”命名的行政区。

能发光的树

生物发光是一种很普通的现象。一到夜晚无论在空中、陆上或海洋里，都能看到引人入胜的种种发光奇观。许多发光生物，如某些真菌和细菌，海洋中的某些低等动物，鱼类和昆虫，都是自己发光的。另外有些生物，自己原来不会发光，但它们的身体内繁殖着一些发光细菌，所以看起来也像在发光了。高等植物中也存在少数发光植物。

很久以前，北非曾发现一种生长旺盛的树木，白天和夜间都能发出光亮，在夜晚发出的光亮甚至可以用来看书、读报。附近的居民看到这种奇异的现象，由于不了解其中的道理，心中都有些害怕，因此把它叫作“恶魔树”。

1961年，在我国江西省井冈山上，发现一种四季常绿的阔叶树，在晴天的夜间能够放射出明亮的光辉来，人们把它叫作“夜光树”，俗称“灯笼树”。这是怎么回事呢？后来经过研究分析，才弄清楚由于它的根部吸收了大量磷质，以至它的树叶中以及其他部分也都含有较多的磷质，这种磷质散出来以后，和空气中的氧气化合，就成为磷火，磷火能放出一种没有热度，也不能燃烧，但有光亮的“冷光”来。“夜光树”的秘密终于被揭开了。

趣味点击

发光细菌

发光细菌是进行生物发光的细菌，多数为海生，与发光浮游生物同是引起海面发光的原因。此外，在空气中，死鱼及水产加工食品的表面于暗处也会发光，这种发光现象是海生菌第二次生长繁殖的结果。用加有3% NaCl，1%甘油的普通肉汁蛋白胨培养基可以培养。

深夜，有时在空旷的田野间会看到悠悠忽忽的亮光，可是，寻到光源一看，原来是几棵枯树根在闪闪发光，这又是怎么回事呢？经研究，才知道由于那几棵枯树根的烂木头上寄生了一些腐败细菌，菌丝遇到空气中的氧气，就会进行化学反应，发出发亮的“冷光”。

长面包的树

在印度半岛、巴西、墨西哥和南太平洋的一些岛屿上，有一种四季常绿的热带奇树，树高十几米，和桑树是同一个大家族。这种树的果实圆圆的，嫩时绿色，成熟以后变成黄色。果实大小不同，大的像西瓜，小的像橘子，一棵树上常常挂满了这些好像烤熟了的面包一样的果实，人们把它放在火上烤一烤就能吃了，它甜中带酸，并有一股烤面包的香味，所以人们把它叫作

“面包树”。

面包树的营养很丰富，热带的居民把它当作主要的食品。一棵成熟的面包树结出的“面包”，足够两个人吃一年。

面包树是一种四季常青的乔木，10 米多高，树干粗壮，枝叶繁茂。它的叶子很大，羽状分裂，它的叶子是一种天然的艺术品，叶子基部绿色，中间黄色，尖间紫色，当地居民常常用它的叶子编织成自己喜爱的漂亮帽子。其花单性，雌雄同株，雌花丛集成球形，雄花丛集成穗状。它的结果方式与众不同，根条及树干上下都能着果。面包果的大小不一，小如柑橘，大似足球。它的结果期还特别长，从头年 11 月一直可以延续到次年 7 月，长达 9 个月之久。一棵面包树一年之中分批结果，依次成熟，一年可以收获三次，每棵树可以向人们提供面包果 60—70 年，这样的天然“面包厂”在世界上还是少有的。

基本小知识

乔 木

乔木是指树身高大的树木，由根部发生独立的主干，树干和树冠有明显区分。有一个直立主干，且高达 6 米以上的木本植物称为乔木树体高大，具有明显的高大主干，可依其高度而分为伟乔（31 米以上）、大乔（21 ~ 30 米）、中乔（11 ~ 20 米）、小乔（6 ~ 10 米）等四级。

树上长树

树上长树古时多作为“祥瑞之兆”上报皇帝。在史书上很多记载某地某树与某树“连理”，说是天下太平和皇帝“恩泽及草木”的征兆，以取悦于皇帝，求得封赏。

这里所说的树上长树是指在一株树上生长着另一株树，两种树或是同种或是不同种，不是指像桑寄生或槲寄生一类的寄生植物，也不是指攀缘在树体上的藤本和热带林中暂时附生在大树上的榕类。

在山东有很多树上长树现象，常常构成奇景，引起人们的兴趣，成为风景旅游区的“名木”。在曲阜孔府后花园里有一株“五柏抱槐”，在一株合抱的侧柏主干上，生长着五大主枝，在五大主枝中间生长着一株径粗20多厘米的国槐，成为花园中名景之一。有人写诗赞道：“五干同枝叶，凌凌可耐冬，声疑喧虎豹，形欲化虬龙。曲径荫遮暑，高槐翠减浓，天然君子质，合傲岱岩松。”

无独有偶，崂山太清宫有株汉柏，除附生一凌霄外，树干南向树洞中生长着一盐肤木，秋季红果累累，成为崂山一大奇观。另外，沂山的法门寺有株300年的板栗树基部腐朽处，生长着一株赤松，犹如母抱婴儿，是有名的“栗抱松”。沂山西麓的宋王庄的一株500年生的古槐离地3米处朽洞里生长着一株小叶朴，这株叶朴高3.5米，干粗40厘米，生长健壮。历城刁家庄有古槐干围4米，中空处长一楸树，树高15米，干围粗2米，楸树冠卵形在上，槐树干平展在下，高低错落，蔚为奇观。其他如槐抱榆、槐抱柏，不胜枚举。

令人叫绝的是母子同体银杏，山东临朐县东镇庙前，原有雌雄两株古银杏，雌树年年结果，在“文化大革命”中，雄树被“造反派”伐掉，雌树以后一二十年没结果。到1989年前后雌树忽然结果，经调查，原来雌树干上方，有一粗如脸盆的树干上方腐朽中空，长出一碗口粗的雄银杏，这株雄银杏已开始开花授粉，于是才揭开了银杏“孤雌”结果的秘密。有人戏称为“母子通婚”。

树上长树是一种自然现象，其茎树多是粗大古老而已腐朽的树。另一些树的种子经风或鸟传人朽洞中，银杏便是果熟后落入朽洞中的。朽洞中积存了多年的尘土甚至树干中间已全腐朽，树上树便能把根扎到土壤里去。也有一些同种的树在树上由于机械结合后形成一体，水分和营养能

广角镜

银　杏

银杏为落叶乔木，5月开花，10月成熟，果实为橙黄色的种实核果。银杏是一种孑遗植物，和它同门的所有其他植物都已灭绝。银杏是现存种子植物中最古老的孑遗植物。变种及品种有：黄叶银杏、塔状银杏、裂银杏、垂枝银杏、斑叶银杏。

互通有无（这种情况不多）。

糖　树

甘蔗和甜菜用来制糖，这已为人们所熟知。可是，你听说过还有用树的汁液来熬糖的吗?

很早以前，加拿大的印第安人就从糖槭树中取得糖汁液。他们把桶放在糖槭树下，把树干钻成一个小的窟窿，然后嵌进一根麦秆，树干中甜味的汁液就流入桶中，把这种树液中的水分蒸发掉，就会得到像蜜一样浓的柠檬色的糖浆了。

糖槭树遍布加拿大，“槭树之国”便成了加拿大的代名词。深秋季节，金风送爽，成片的槭树上挂满了红艳艳的叶子，犹如灿烂的朝霞，十分美丽。加拿大人民把瑰丽的槭树叶子视为国宝，他们的国旗、国徽的图案上都有红色的槭树叶子，槭叶成了加拿大的标志和国花。加拿大人民之所以十分珍爱糖槭树，是因为它的树汁是重要的制糖原料。

糖槭树是一种多年生的落叶大乔木，高的可达 40 米。叶子互生，通常为掌状三裂，幼树的叶子常为五裂，能产糖的槭树约有 6 ~ 7 种，而糖槭树是糖分最高又易提取糖浆的高产品种。一般 15 年以上的糖槭树就可采割树汁。

每逢春天，加拿大人民开始采割槭树的树汁，他们在树干上打孔，再在孔内插上管子，让白色的树汁顺管子流入采集的桶中。在采割季节，每个孔可采得 100 千克树液。这种树液的含糖量为 0. 5% ~7%，高的可达 10%，一棵 15 年生的糖槭树，每年可为人们提供 2. 5 千克左右的糖。每棵槭树可连续产糖 50 年，有的还可达百年以上。糖槭树的寿命一般为 400—500 年，一次种植可长期产糖。若与甘蔗、甜菜相比，可谓一本万利。

用糖槭树的树液熬出的糖浆，呈柠檬色，香甜如蜜。用糖槭树的树液生产的糖俗称枫糖。枫糖的主要成分是蔗糖，其余还有葡萄糖和果糖。它的营养价值很高，可与蜜糖相媲美。枫糖的用途很广，除供食以外，还可用于食品工业，制成各种各样的食品，加拿大各地都有枫糖的农场，东南部的两省糖槭树最多，那里就有几千个这样的农场。加拿大的枫糖产量居世界之首，它所生产的枫糖除供销国内以外，还远销国外。

知识小链接

果　糖

果糖中含6个碳原子，也是一种单糖，是葡萄糖的同分异构体，它以游离状态大量存在于水果的浆汁和蜂蜜中，果糖还能与葡萄糖结合生成蔗糖。纯净的果糖为无色晶体，熔点为103℃～105℃，它不易结晶，通常为黏稠性液体，易溶于水、乙醇和乙醚。果糖是最甜的单糖。

1958年，我国庐山植物园开始引入糖槭树，现在两湖一带都有大量种植。

糖槭树累积的糖并不是特殊的物质，所有的植物都有积累糖的本领，但是它贮存的量比一般植物要多得多，说明这些植物代谢活动更倾向于糖的合成。

连理枝

连理枝是指两棵树的枝干合生在一起。北京故宫御花园中的钦安殿、浮碧亭旁边都有这样合生的树。

连理枝在自然界中是罕见的。相邻的两棵树的枝干为什么可以长到相依在一起呢？

在树皮和木质部之间，有一层细胞叫作形成层，这一层细胞有很强烈的向外和向内的分裂作用。细胞分裂，增生了许多新的细胞，就会使树干长粗，如果两棵树在有风的天气里，树干互相摩擦，把树皮磨光了，到无风的时候，两条树枝挨近，形成层紧密接在一起，互相增生了新细胞，就会长在一起，越是靠得紧，就越容易长在一起。

古人从自然界里看到连理枝的形式，就创造了人工嫁接的方法。人工嫁接是将一种植物的芽或枝割取下来（叫作接穗），同时将另一种植物的树皮割一切口，露出形成层（叫作砧木）。这样，使接穗和砧木的形成层密接，用麻捆扎起来，过些日子就长在一起了。

从古书上的记载来推断，我国很早就用嫁接法来栽培果树，例如唐代郭橐驼所著的《种树书》中对嫁接作了很多有意义的记述，书中记载："桃接李枝则红而甘；梅树接桃则脆；桃树接杏则大；李树接桃则为桃李。"

你知道吗

唐代郭橐驼

郭橐驼是《柳河东集》中种树郭橐驼传中的人物"郭橐驼，不知始何名。病偻，隆然伏行，有类橐驼者，故乡人号之"驼"。他以种树为业，且"凡长安豪富人为观游及卖果者，皆争赢取养"算是一名"种树能手"，更为人所称道的是他培养树苗的方法"顺木之天以致其性焉而"。

春天正是嫁接的好时候，因为树干里的树液才开始从根部向上流动，这时割树皮，不会有很多树液流出来，进行嫁接不会影响嫩芽和枝条的生长，同时春天树刚开始生长，生命力强，细胞增生快，接上的芽或枝条容易成活。

铁树开花

铁　树

"铁树开花"是句成语，比喻非常罕见或者非常难以实现的事情，铁树开花就真的那么难吗？

实际上并不是这么绝对，铁树是一种热带植物，喜欢温暖潮湿的气候，不耐寒冷。在南方，人们一般把它栽种在庭院里，如果条件适合，可以每年都开花。

在我国的四川省攀枝花市，有一大片天然的铁树林，至少有10万株以上。这里的铁树一旦长成，雄铁树每年都开花，雌铁树一两年也要开一次花。当地举办了一年一度的“苏铁观赏节”，到这里旅游的中外人士对此赞不绝口。

拓展阅读

裸子植物

裸子植物是原始的种子植物，其发展历史悠久。最初的裸子植物出现在古生代，在中生代至新生代它们是遍布各大陆的主要植物。现代生存的裸子植物有不少种类出现于第三纪，后又经过冰川时期而保留下来，并繁衍至今的。裸子植物是地球上最早用种子进行有性繁殖的，在此之前出现的藻类和蕨类则都是以孢子进行有性生殖的。裸子植物的优越性主要表现在用种子繁殖上。

但如果把它移植到北方种植，由于气候低温干燥，生长会非常缓慢，开花也就变得比较稀少了。从幼苗至开花需十几年甚至几十年，花期可以持续一个月以上。

相传铁树的生长发育需要土壤中有铁成分供应，如果它生长情况不好，在土壤中加入一些铁粉，就能使它恢复健康。有些人干脆把铁钉直接钉入铁树的体内，也能起到很好的效果。或许，这便是铁树名称的由来吧！

北方近年来铁树频频开花，是因为铁树大多被当作盆景培养，人们在培养铁树的各个环节中都非常讲究，从幼苗培育到栽培技术再到日常照顾都非常细心、认真，具体到选择高科技肥料，使用适宜的水量等等，生长在温室中的铁树自然容易开花结果。而且，铁树是裸子植物，到达一定的树龄，自然会开花，不开反而不正常。

独木成林

榕树是桑科榕属植物的总称，全世界已知有 800 多种，主要分布在热带地区，尤以热带雨林最为集中。我国榕树属植物约 100 种，其中云南分布 67 种，西双版纳有 44 种，占我国已知榕树总数的 44.9%，占全世界的 5.5%。

基本小知识

桑 科

桑科是被子植物门、双子叶植物纲、金缕梅亚纲、荨麻目的一科。桑科约 40 属、1000 种，主要分布于全世界热带、亚热带地区，少数属种分布于北温带。中国有见血封喉属、菠萝蜜属、构属、柘属、水蛇麻属、榕属（无花果属）、橙桑属、牛筋藤属、桑属、鹊肾树属等 16 属 160 余种，主要分布于长江以南各省区，以云南南部为最多，少数分布于北部和西北部。桑属及榕属中有少数种是中国特有。

在热带和亚热带地区，一片茂密的森林可由一株巨大的榕树形成，树身周围许多粗细不等的树干纵横交错，共同支撑着巨大的树冠，苍苍莽莽，浓荫蔽日，谁也分不清哪是主干哪是支干了，简直是一片大森林。

在孟加拉国的杰索尔地区，有一片闻名世界的榕树独木林。这棵大榕树，据推测已有 900 多岁，600 多根树干亭亭玉立，树高约 40 米，树冠巨大，投影面积近万平方米之多。据说，过去曾有一支六七千人的军队在这棵大榕树下乘过凉。

独木成林

榕树为什么能“独木成林”

呢？榕树生活在高温多雨的热带、亚热带地区，枝叶繁茂终年常绿。它的树干长了许许多多的不定根，有的悬持半空，有的已插入土中。这些不定根刚刚形成时，由于它们都在空中，因此，也叫气生根。榕树的气生根有粗有细，粗的如水桶，细的似手指。新长出的气生根较细，以后越长越粗，形成一根根很粗很粗的树干。

那些扎入地里的气生根共同支撑着巨大的树冠，一棵大榕树的气生根，少则百条，多达千条。这些能支持树冠的气生根，人们也叫它支持根。

知识小链接

气生根

气生根广义地指由植物茎上发生的，生长在地面以上的、暴露在空气中的不定根，一般无根冠和根毛的结构，如吊兰和龟背竹等，能起到吸收气体或支撑植物体向上生长的作用，常见于多年生的草本或木本植物中。

一棵榕树由小树长成大树，随着气生根的增多，从土壤中吸收的养料也越来越多，树冠也越长越大。因此，几百年的大榕树变成了一片大森林。

榕树除了具有特殊的气生根以外，还有露出地面的巨大板状根，每棵大榕树，一般都有 3 ~4 米高的板状根。

热带生长的榕树，一般都非常高大，可以达到 20 ~30 米，树干直径可达十几米。

榕树的用途很广，它是很好的蔽阴、风景、防风树种，它在绿化环境和美化人民的生活方面，也有很大的贡献。

我国广东、广西、福建、台湾、浙江一带，大街小巷，田间、路旁，遍植榕树，树冠一般均可覆地数十至数百平方米，给在酷暑中煎熬的人们带来荫凉。福建福州市的榕树特别多，所以福州市又有“榕城”之称。

指南草

“指南草”是人们对内蒙古草原上生长的一种叫野莴苣的植物的称呼。一般来说，它的叶子基本上垂直地排列在茎的两侧，而且叶子与地面垂直，呈南北向排列。

在内蒙古草原上，草原辽阔，没有高大的树木，人烟稀少，一到夏天，骄阳火辣辣地烤着草原上的草，特别是中午时分，草原上更为干燥，水分蒸发也更快。在这种特定的生态环境中，野莴苣练就了一种适应环境的办法：它的叶子，长成与地面垂直的方式，而且排列呈南北向。这种叶片布置的方式，有两个好处：一是中午时，亦即阳光最为强烈时，可最大限度地减少阳光直射的面积，减少水分的蒸发；二是有利于吸收早晚的太阳斜射光，增强光合作用。科学家的考察发现，越是干燥的地方，其生长着的指南草指示的方向也越准确，其原因是显而易见的。

在草原或沙漠上旅游，如果了解了指南草的习性，就不会迷路了。

在墨西哥的崇山峻岭中，也生长着一种奇特的“指南草”。其叶片总呈南北方向，因而当地土著居民在狩猎时均靠指南草辨别方向。

冰里开花

20 世纪 60 年代，在我国东北的哈尔滨市，有关方面曾经举办过一次相当轰动的花卉展览。

展览上最出风头的是一盆盛开在冰雪中的小花，那花呈黄色，开放在茎部的顶端，就像一只只小酒盏一样，真正是冰里开花。早春季节，在冰城哈尔滨，天气仍然冷得够呛，路上的行人全都把自己捂得严严实实，急匆匆行进在车水马龙的大街上。

可这些小草却不怕冷，它们那淡紫色的花萼托着黄色的花瓣看上去很是精神，尽管寒风把小草吹得一歪一斜的，但它们仍然昂起了头，像是在说，冬天有什么可怕，我无所畏惧。

这开着黄色小花的就是有名的冰凌花。在冰凌花的老家——中国黑龙江省、吉林省和辽宁省的茫茫林海边，早春的冰雪尚未融去，阳光中已经透出几丝暖意，冰雪依然覆盖的大地上却像是约好了似的，一夜之间冰凌花全都开放了。在刺骨的寒风里，在肃杀的景色中，盛开的冰凌花带来的不仅仅是异乎寻常的美丽，它们还带来了顽强的自信。怪不得，凡是看过冰凌花开花的人都不会忘记这种生命力顽强的小花。

冰凌花的学名叫侧金盏花，又叫冰里花、凉了花、顶冰花、冰顶花和冷凉花，在植物分类学上属毛茛科，与牡丹和芍药有着一定的亲缘关系。在冰凌花身上具有毛茛科的一些原始性状，比如，花被的分化并不明显——花瓣与花萼的大小和形态相差并不多，雄蕊多数且分离，呈螺旋状排列，果实为聚合瘦果。

冰凌花是一种先开花、后长叶的植物，当它那黄色花儿绽放的时候，包在淡褐色或白色的鞘质膜中的嫩绿色叶芽已经在萌动之中。冰凌花的开花时间大约是10 天。10 天以后，它们就抽生出三角形、呈羽状全裂的叶子，这叶子很像胡萝卜的叶子。它们的紫色茎在开花时长仅5 ~ 15 厘米，在开花以后猛长到40 厘米。

冰凌花是一种多年生植物，它长有粗短的根状茎，根状茎上还长有许多胡须般的侧根。冰凌花开花时间一直可以持续到 5 月

广角镜

强心苷

苷或称甙、配糖体，是一类有机化合物，其分子由一个醇基或醇样基团结合于数量不等的糖分子而构成。若配基中含固醇核，其17 位碳原子连以一个不饱和内酯环，其3 位碳原子与糖分子相连，这种苷即为强心苷。它是一类具选择性强心作用的药物，又称强心甙或强心配糖体。临床上主要用以治疗心功能不全，此外又可治疗某些心律失常，尤其是室性心律失常。

初。5月末6月初，冰凌花的种子就能成熟。每个冰凌花的聚合果可包含70枚淡绿色的种子，而1000粒冰凌花的种子才7.5克重。当种子成熟以后，冰凌花的地上部分就枯萎了，它们进入了休眠期。

冰凌花为什么能在冰雪里傲放呢？这完全是因为冰凌花长有粗壮的根状茎。冰凌花喜欢湿润的森林腐殖土，这种土壤里所含的无机盐和矿物质元素十分丰富，非常有利于养料的积累。因此，在冬天到来之前，冰凌花的根状茎早就储存了足够的营养。一到早春，这些营养便源源不断地供给冰凌花的花蕾，让它们在凛冽的寒风中，在冰天雪地里仍然灿烂地开出一地的黄花。

早在几千年前的周代，生活在黑龙江流域的我国少数民族曾将冰凌花作为奇花异草进贡给当时的皇帝。如今我们知道，冰凌花不仅是一种娇美但不失刚强的观赏植物，而且还是一种药用植物。据研究，冰凌花的全身都含有强心苷等成分，具有强心、利尿、镇静和减缓心跳的功能。

植物的生存探秘

ZHIWU ZHONG DE AOMI

为了生存，植物想尽各种办法对抗来自外界的种种威胁。植物的防身武器五花八门，有的像古代的矛和盾，有的像现代的枪和炮。植物还有自己的抗旱法、防虫法和隐身术。植物的生命力可谓坚韧不屈，淹不死、冻不死、旱不死，即使在遥远的太空，也能发现植物的足迹。

植物的化学武器

植物的化学武器种类很多，而且它们几乎都是有机物，属于酸类的有香草酸、肉桂酸、乙酸和氢氰酸等，属于生物碱类的有奎宁、丹宁、小檗碱、核酸和嘌呤等，属于醌类的则有胡桃醌、金霉素和四环素等，属于硫化物的有萜类、甾类、醛、酮和卟啉等，这些化学武器大多集中在植物的根、茎、叶、花、果实及种子中，随时随地都可以释放出来。

拓展阅读

胡桃醌

从苯和石油醚的混合液中析出者为橙黄色针状结晶；从氯仿中析出者为红黄色棱柱状结晶，有特殊臭气味。天然存在于胡桃属植物中，也存在于胡桃皮中。制法：1. 从胡桃皮中直接提取；2. 以萘为原料，制成萘磺酸，再碱熔，制成萘酚，最后氧化而得。

生物学家把植物产生、对本身生长并无多大关系的物质叫作次生物质。100 多年来，植物学家已经查明了包括单萜在内的 10 000 多种次生物质的化学结构，并进一步设法弄清这些次生物质的生物合成过程，他们认为次生物质实际上是植物对付复杂环境的一种有力武器。有些植物合成的次生物质含单宁、生物碱、萜类、甾类或其他有机物。这些化学物质有的发苦，有的会毒害神经、有效地防止食草动物对植物的伤害，有的还会抑制其他植物的生长。例如，大麦根部能分泌芦竹碱和大麦芽碱，胡桃叶能合成胡桃醌，这些物质都能抑制其他植物的生长。

动物学家发现，植物的次生物质还能帮助动物渡过难关，如有一类植物能分泌有毒的强心苷，斑蝶在它的叶片上产卵，卵孵化成幼虫，长成成虫，体内已积累了大量强心苷，而鸟类不愿吃含有强心苷的虫子。这样，幼虫便得以保留下来。自20世纪60年代科学家从未成熟的豌豆荚中提取出豌豆素（一种植物防卫素）起，人们已经从17个科共200多种植物的次生物质中提取出植物防卫素。平时，植物并不合成植物防卫素，当病原菌入侵或植物表面受伤时，有抗病能力的植株在数小时内就迅速合成防卫素。

植物的次生物质对于其他植物未必都是不利的。例如，棉花、小麦的根系分泌物能促进豆科植物根瘤菌的生长，而且，春小麦的分泌物能抑制蚕豆细菌病的发展，所以种植棉花、小麦以后，最好在周围种上豆科植物。

知识小链接

根瘤菌

与豆科植物共生，形成根瘤并固定空气中的氮气供植物营养的一类杆状细菌，能促使植物异常增生的一类革兰氏染色阴性需氧杆菌。正常细胞以鞭毛运动，无芽孢，可利用多种碳水化合物，并产生相当量的胞外黏液。如根瘤菌属和慢性根瘤菌属都能从豆科植物根毛侵入根内形成根瘤，并在根瘤内成为分枝的多态细胞，称为类菌体。

大蒜和洋葱的体内含有一种杀菌素，若把它们和大白菜、卷心菜种在一起，就可以抵御细菌的侵袭。蓖麻发出的气味能使大豆的害虫不敢靠近，所以在大豆的旁边种蓖麻是十分合适的。大蒜和洋葱会分泌杀菌素，这种杀菌素可以抵御细菌的侵袭。所以，将大白菜和卷心菜种在大蒜和洋葱旁边也是不错的想法。

植物的次生物质还可以制成污染小或无污染、对害虫毒性大，但对高等生物毒性小的生物农药，用这种农药来防治害虫对环境污染小但效果却比较显著。据不完全统计，目前科学家已经发现1100余种对昆虫生长有抑制、干扰作用的植物次生物质，这些物质均能使害虫表现出拒食、驱避的现象，有的甚至能直接杀死害虫。含有这些次生物质的植物都可以被加工成生物农药。

从中我们可以看出，植物间的“化学战”使用的都是化学武器，而这些“化学武器”都是它们各自特有的化学分泌物质。植物的分泌物有极其重要的意义。我们常常利用植物特有的个性，来防治病虫害和消灭田间杂草，对农业增值、减少使用农药、避免环境污染有着重要的意义。

例如，在大豆地里种上一些蓖麻，蓖麻的气味会使危害大豆的金龟子退避三舍。洋葱和胡萝卜间作，可以互相驱逐对方的害虫。

有些植物根部的分泌物，常常是消灭田间杂草的有力“武器”。例如，小麦可以强烈地抑制田堇菜的生长，燕麦对狗尾草也有抑制作用，而大麻对许多杂草都有抑制作用。

植物学家从楝科植物的体内提取出一种叫四环三萜的物质，这种物质可以直接破坏昆虫的表皮组织，使得昆虫的身体发生溃烂，最终一命呜呼。除了楝科植物，人们还从雷公藤、苦皮藤、除虫菊和黄杜鹃等植物中分离出效果明显的生物农药。我们完全有理由相信，只要继续深入研究，越来越多的生物农药一定会源源不断地被制造出来。

你知道吗

雷公藤

雷公藤为卫矛科植物雷公藤的根，又叫黄藤、黄腊藤、菜虫药、红药、水莽草，主产于福建、浙江、安徽、河南等地。原植物生于背阴多湿的山坡、山谷、溪边灌木丛中，喜较为阴凉的山坡，以偏酸性、肥沃、土层深厚的沙质土或黄壤土最宜生长。味苦、辛，性凉，大毒。归肝、肾经。

植物的防身武器

植物的防身武器不一而足，形形色色。有的武器比较原始，像古代武士使用的矛和盾；有的武器则很先进，犹如现代的枪和炮。

烟草、大麻的叶片上，长着浓密的茸毛，构成了阻挡细菌进入的一道屏障。那些企图入侵的病菌，进入这道屏障，如入迷魂阵，会因迷路“饥渴而亡”。小檗的叶子变成的叶刺，洋槐的叶托变成的刺，茅草叶缘上的锯齿，麦穗和稻穗的长芒，都是植物对付动物吞食的矛和盾。

蚕豆叶面上有一种锋利的钩状毛，叶蝉一爬上蚕豆叶面，就会被钩状毛缠住，因动弹不得而饿死；棉花植株的软毛，能抵制叶蝉的进犯；大豆的针毛，能抵制大豆叶蝉和蚕豆甲虫的进攻。这都是植物用矛和盾有效保护自己的例子。

植物用“炸弹”和“炮弹”来保护自己，在自然界并不鲜见。在南美洲的热带森林里，有一种酷似南瓜的植物叫马勃菌，圆圆的，一个有几千克重。如果你不小心踩上它，它便会砰的一声炸开，释放出黑色的浓烟，使你又打喷嚏，又流眼泪。当然，马勃菌的这种本领除了能吓退侵犯它的动物外，还是一种繁殖的手段。那黑烟就是马勃菌的粉孢子，粉孢子随着“催泪弹”的爆炸而四散飞扬，播种八方。

知识小链接

叶　蝉

叶蝉为一类害禾谷类、蔬菜、果树和林木等的昆虫。同翅目，叶蝉科。体长3～15毫米。单眼2个，少数种类无单眼。后足胫节有棱脊，棱脊上有3～4列刺状毛。后足胫节刺毛列是叶蝉科的最显著的识别特征。该科昆虫不仅危害农作物，而且还传播植物病毒病。

植物抵御昆虫入侵的法宝

如果有兴趣，你可以采回一些只取食一种植物的专食性昆虫，用其他植物来饲养，如果这种植物不是这种昆虫喜欢的食物，那么它宁可饿死，也不会受那“嗟来之食”。究竟是什么原因导致这样的情况发生呢？

原来，这些昆虫长期取食一种植物，渐渐养成了专食性习惯，它们只对嗜好的植物有趋性，而对非嗜好植物趋性不显著甚至产生了忌避，即使在饥饿条件下与之接触仍拒绝取食。科学家通过长期的实验，发现植食性昆虫对寄主植物的选择是由于不同植物内部所含有的一种叫“次生物质”的东西所造成的，这样的物质一般有防御昆虫取食的作用，引起它们离弃植物或拒绝取食。

植物在长期的演化过程中，对昆虫的侵害有三种斗争方式。第一种是引起昆虫避开取食或抑制其取食；第二种是影响昆虫对食物的消化和利用；第三种是使昆虫中毒或死亡或延迟其生长发育。植物可以分泌出多种多样的次生代谢物通过影响昆虫的神经系统、呼吸系统、肌肉系统、消化系统、生殖系统和生长发育而达到杀灭害虫、保护自己的目的。次生物质是植物自身抵御害虫取食危害的法宝。

自然界大多数植物都不同程度的产生毒素，作为在进化过程中形成的一种防卫机制，来抵御那些危害它们的昆虫。虽然在长期的进化过程中，昆虫对某些植物中的次生物质能够忍受或解毒，但是存在于其他植物上的大多数此类物质仍然对昆虫能构成毒副作用。昆虫有时候就像一位分析化学家，能够鉴定其周围环境中遇到的各种化学物质，辨别食物和毒素。如果一些植物产生的代谢物质对它不嗜好或者不适应，那么它就不会取食这种植物。

广角镜

毒　素

毒素是指生物体所生产出来的毒物，这些物质通常是一些会干扰生物体中其他大分子作用的蛋白质，例如蓖麻毒蛋白。由生物体产生的、极少量即可引起动物中毒的物质。

自然界中许多植物因具有让昆虫难以忍受的气味，它们就凭借这样的本事免受昆虫的危害，有人发现印楝树的叶子含有一种物质，它能强烈地抑制一种叫“沙漠蝗”的昆虫的取食。受这一发现的启示，人们相信从植物中可以寻找化合物，作为昆虫取食或产卵的抑制剂来控制害虫、保护庄稼。在此背景下，开发与环境友好的以植物源为主的农药越来越受到化学家的高度重视。

据科学家研究，已经查明化学结构的植物次生代谢物质有1万种左右，估计植物化合物的总数可达40万种以上，其中很多次生物质对昆虫具有拒食作用，有时候，一种植物有可能包含有一种或几种具有拒食活性的化合物。

最先被人们开发出来应用于生产实践的植物源农药是从印楝树中提取出来的印楝素。印楝素是从印楝树种子里提取的一种生物杀虫剂，可防治200多种农、林、仓储和卫生害虫，是世界公认的广谱、高效、低毒、易降解、无残留的杀虫剂。目前，全世界已有近20个国家对印楝素进行研究、开发和利用。印楝树在我国云南、广东和海南省均适宜种植，云南省在元谋县引种栽培成功后，经大面积推广种植，已成为目前世界上人工种植印楝纯林面积最大的地区，并将成为我国印楝生物农药原料的潜在中心产区。科技人员开发出来的印楝素产品经在甘蓝、苹果、西瓜、西红柿、菜豆等作物上的害虫进行的200公顷田间试验防治证明，防治效果均在85%以上。这种农药在农药分类上叫“拒食剂”农药，言下之意，就是它能明显地抑制昆虫的取食，但“拒食剂”杀虫作用较缓，一般用药3—6天后才出现明显的死虫现象。害虫的取食量随着浓度的增加而逐渐减少，在较高浓度下，害虫只在叶片边际咬出微小的缺，以后则完全不取食，直至饥饿而死。在较低浓度下取食较少，随着饥饿时间的延长，害虫的取食量才逐渐加大。

广角镜

杀虫剂

杀虫剂主要用于防治农业害虫和城市卫生害虫的药品．使用历史长远、用量大、品种多。在20世纪，农业的迅速发展，杀虫剂令农业产量大升。但是，几乎所有杀虫剂都会严重地改变生态系统，大部分对人体有害，其他的会被集中在食物链中。我们必须在农业发展与环境及健康中取得平衡。

植物的自我疗伤

北方的人经常可以见到松树，也经常见到松树流“泪”——松树油。其实，正常的松树是不流油的。你看那马尾松，它没有受到外界侵害时，长得整整齐齐的，枝干光溜溜的，看不到任何瘤子一类的东西。只有当它被人们砍去某部分枝条时，它的伤口才会马上流出一种油质黏液来。这种油质黏液将伤口包住，防止了脏物、病菌从伤口大肆入侵，不久伤口便会结下疤痕。这同人体皮肤被划破后结疤的原理有些类似。这是植物的一种自我疗伤方法。

这种自我疗伤的办法有点被动，许多植物还可采取主动行为疗伤，直至自残部分肢体阻挡了细菌入侵。马铃薯受到病菌侵袭后，与病菌战斗在第一线的细胞立即木质化，变得坚韧起来，用身体阻止病菌向前推进。如果病菌突破了第一道防线，第二道防线的细胞也立即做出自我牺牲，第三道、第四道防线的细胞也会前仆后继，同病菌做殊死搏斗，直至胜利，或者全军覆灭。

在果树和某些植物身上，你也会看到细胞与细菌同归于尽的悲壮情景。在这些植物身上，有一圈又一圈的伤疤、痕迹，这是植物细胞与细菌大战后的战场遗址。这些植物为了保全整体，不得不使与病菌作战的细胞迅速坏死，使细菌被坏死的细胞包围，进退不得，窒息而亡。那些伤疤痕迹上留下了成千上万交战双方“死亡将士”的遗体。

广角镜

马尾松

常绿乔木，高达45米，胸径1米，树冠在壮年期呈狭圆锥形，老年期内则开张如伞状；干皮红褐色，呈不规则裂片；一年生小枝淡黄褐色，轮生；冬芽圆柱形，端褐色叶2针1束，亦有3针1束，马尾松针叶又分长短，长的达30厘米，叫长叶马尾松；短的仅10厘米以内，叫短叶马尾松。

含羞草的自我保护

公园里有一种观赏植物，特别害怕有人碰它的身子，谁要是碰一下它的叶子，它就把叶合拢，甚至连叶柄都耷拉下来，宛如一个害羞的少女。因此，人们特别喜欢它，给它起名含羞草。

含羞草茎秆纤细，上面长满了细毛。茎上生有掌状排列的羽状复叶，盆栽的一般只有30厘米左右，地栽的可达1米左右。有的直立，也有的蔓生。秋天一到，开出一朵朵淡红色的小花朵，很像一个个小红绒球。

基本小知识

复 叶

复叶是由多数小叶组成，如与同等大小的单叶来比较，虽然叶片的总面积减少了，但遭受风、雨、水所加到叶片上的压力或阻力却少得多，这是对环境的一种适应。根据小叶在叶轴上排列方式和数目的不同，可分为掌状复叶、三出复叶、羽状复叶。若干小叶集生在共同的叶柄末端，排列成掌状，称为掌状复叶。3枚小叶集生于共同的叶柄末端，称为三出复叶。小叶排列在叶柄延长所成的叶轴的两侧，呈羽状，称为羽状复叶。

含羞草为什么会产生这种奇妙的现象呢？在含羞草的小叶和复叶叶柄的茎部都有一个鼓起的东西，叫作叶枕，叶枕对刺激的反应最为敏感。叶枕中心有一个大的锥管囊，其周围充满了薄壁组织，细胞间隙较大。平时，叶枕细胞内含有较多的水分，细胞总是鼓鼓的，细胞的压力比较大，所以，叶子平展。当你轻轻碰到它的小叶时，这个刺激立刻传导到小叶柄的基部，于是这个叶枕的上部薄壁组织里的细胞液便排到细胞间隙中。此时这个叶柄上半部细胞的膨压降低，而下半部薄壁细胞仍保持原状，维持原来的膨压，小叶片就向上合拢。如果小叶受到的刺激较强，或受到多次重复和刺激，这种刺激可以很快地依次传递到邻近的小叶，甚至传到整片复叶的小叶和复叶的叶柄基部。这时，复叶的叶柄基部叶枕下半部的细胞膨压降低，而上半部的细胞仍还是鼓鼓的，因此，整片叶子就低下了脑袋，而且叶子上的所有小叶都成对地合拢起来。

知识小链接

膨　压

当水进入植物细胞后，使细胞产生向外施加在细胞壁上的压力，称为膨压。膨压的功用是提供植物细胞的支持力，使它能维持形状，其中草本植物由于缺少木本植物所拥有的坚硬木质素，故其支持力依赖膨压。

当含羞草含羞低头时，各叶枕里的排水变化可以用肉眼直接看出来。叶枕原来是淡灰绿色的，在受到震动以后，叶枕下部马上收缩，颜色忽然变成深绿，而且有些透明，很像一张纸被水湿润前后颜色变化。

如果停止对含羞草的刺激，过了一段时间以后，原来疲软的叶枕细胞中又充满了细胞液，细胞的压力又恢复正常，于是，小叶子重新张开了，叶柄也挺了起来，一切恢复到原来的状态。恢复的时间一般为 5—10 分钟。但是，如果我们连续逗它，连续不断地刺激它的叶子，它就产生“厌烦”之感，不再发生任何反应。这是因为连续的刺激使得叶枕细胞肉的细胞液流失了，不能及时得到补充的缘故。所以，它必须经过一定时间的“休息”以后才能再次接受刺激，发生反应。

科学研究表明，含羞草传达刺激的速度每秒约为 10 厘米，通过茎可以传达到距离 50 厘米的叶柄和叶子。这种传递信息的速度在植物界是相当惊人的。根据实验可以用酸类激起它的运动，也可以用麻醉剂麻醉它的运动。

有趣的是，改用冰块接触它的小叶，或者把香烟的烟喷在叶片上，它都能发生同样的反应。如果用火柴的火焰从下面逐渐接近叶子，那些羽状的复叶也会合并起来。更奇怪的是，在气温较高的时候，它所产生的这些运动的速度也比较快。

另外，含羞草的运动跟天气变化也有关系。若在干燥的晴天，含羞草的反应就灵敏，叶子稍经触动就会马上合拢，叶柄也会下垂。若遇阴天空气潮湿，叶子对刺激的反应就不那么敏感了。根据这个特点，含羞草还可以用来预报晴雨天气。如果轻轻触动含羞草的小叶，发现叶片很快合拢，而且叶柄下垂，并且经过较长时间才恢复原状，你就可以发出“晴天”的预报。反之，假如触动它的小叶，反应失灵，叶片迟迟才能闭上，或者刚闭合又重新展开，你就可以得知“阴雨将到”。

含羞草的这种特殊本领对它的生长很有利。含羞草的老家在南美洲的巴西，那里经常发生狂风暴雨，如果含羞草不能在刚碰到第一滴雨点或第一阵狂风时就把叶子合拢起来，把叶柄低垂下去，那么，它那娇嫩的叶片和植株将会受到无情的摧残。所以，通过长期的生存斗争，含羞草形成了这一适应自然环境的特性，起到了避免暴雨侵袭的作用。另外，含羞草的运动也可以看作是一种自卫方式，动物稍一碰它，它就合拢叶子，动物也就不敢再吃它了。

含羞草在我国各地广为栽培，一般作为观赏植物，它也可以入药，有安神镇静、散瘀止痛、止血收敛等医疗功能。

仙人掌抗旱法宝

沙漠中的仙人掌被人称为英雄花，因为它能在极端干旱严酷的自然环境中顽强地生长，给沙漠地区带来生机，还能起到阻挡风沙的作用。

基本小知识

仙人掌科

仙人掌科是被子植物门、双子叶植物纲、石竹亚纲、石竹目的一科，多数为多年生草本植物，少数为灌木或乔木状植物。该科有140属2000余种，大多原产美洲热带、亚热带沙漠或干旱地区，以墨西哥及中美洲为分布中心；少数分布在北纬53°加拿大的和平河，以及海拔3000米积雪的高寒地区。

仙人掌类植物有一种特殊的保水本领。有人在美国亚利桑那州的沙漠里做过一项仙人掌类植物保水能力的试验。他们把一株重 37 千克的仙人球放在室内，6 年不浇水，结果仙人球仍活着，还有 26 千克重。因此，人们把仙人掌植物称为“植物骆驼”。

仙人掌类植物为何抗旱能力如此强呢？它在干旱的环境中，叶退化为针状，以减少水分的蒸发；茎的表皮则有一层又厚又硬的蜡质物作为保护层，有的还密生有茸毛，可以防止强光照射，防止水分蒸发。而且，它的贮水能力又很强，茎肥厚多汁，有发达的薄壁组织细胞贮藏丰富的水分。

除此之外，它的细胞内还有一种抗旱机制。它的细胞质在原生质失水时能保持部分结合水。这样，它们在干旱时便不会因脱水而死亡。这是很多耐旱植物的共同特征。

趣味点击　令箭荷花

令箭荷花为仙人掌科多年生常青附生类植物，因其茎扁平呈披针形，形似令箭，花似睡莲，故名令箭荷花。群生灌木状，高约 50 ~ 100 厘米。喜光照和通风良好的环境，但在炎热、高温、干燥的条件下要适当遮阴，怕雨水。要求肥沃、疏松和排水良好的土壤，有一定抗旱能力。

仙人掌是仙人掌科植物的总称，包括了 2000 多个品种，有掌形、球形、柱形等各种形态，比如仙人柱、仙人山、仙人球、仙人鞭、昙花、令箭荷花、蟹爪兰等。墨西哥是有名的仙人掌产地，有 1000 多种仙人掌。它们形形色色，千姿百态，铺满了墨西哥的荒漠，是墨西哥的国花。

植物的隐身术

植物是非常聪明的，它们为了躲避动物们的蚕食，发明了各种隐身术。其中，有一种能模仿石头的植物隐身术特别高明，它叫生石花。

在非洲南部干旱季节，在荒漠上会看到一个“碎石”的世界。满地的“小石块”半埋在土里，有的呈灰色，有的灰棕色，有的棕黄色；顶部或平坦，或圆滑，有的上面还镶嵌着一些深色的花纹。这些“小石块”有的如雨花石，有的如花岗岩碎块，很美丽。有的旅游者想拾几块美石留作纪念，拔起来一看，才惊喜万分地发现，这并非石块，而是著名的拟态植物生石花。

生石花并非四季都如石块。在每年6—12月，南半球的冬春季节里，生石花会从丑小鸭变成白天鹅，美丽的花朵从石缝中钻出来，一片片艳丽的生石花覆盖了整个荒漠，奏响了生石花家族生命交响乐中最动人的乐章。

生石花是非洲南部的特产，有100多种，属番杏科植物。生石花虽然弱小，却因成功地模拟了无生命的石块，避免成为草食动物的盘中餐，而保存发展起来。

靠拟态保护自己的植物不止生石花一类。在森林的下层有一些拟态植物，叶片上有花斑。花斑是对光斑的模拟。有花斑的植物犹如穿上了迷彩服，容易骗过食草兽的眼睛，生存便多了一层保障。

> **你知道吗**
>
> **番杏科**
>
> 番杏科是双子叶植物纲，石竹目的一个科，有130属1200种。番杏科植物主要分布在非洲南部，也产于非洲热带、亚洲、澳大利亚、加利福尼亚及南美洲。中国有粟米草属、针晶粟属、海马齿苋属、肖海马齿苋属、番杏属等少数种。

植物中除了生石花隐身有术外，还有许多植物也有高明的隐身术，珊瑚藻就是其中之一。珊瑚藻隐身为“石头”，起初人们并未察觉，后来发现这种或橘黄，或粉红、紫红的“石头”，竟会生长发育。

然而这种“石头”到底是什么生物，困惑了生物学家们许久，连分类学鼻祖林奈也在这种“石头”的分类上犯了错误，他认为珊瑚藻类似于著名的海上动物——珊瑚，将其称为“类珊瑚动物”。他犯这样的错误是能理解的，因为珊瑚藻太像珊瑚了。

珊瑚藻能在热带和亚热带的海区里，参与动物珊瑚的造礁活动，也能像珊瑚一样独立建造出珊瑚礁来，特别是皮壳状的珊瑚礁。在世界各地的海洋里，从我国的南沙群岛到西沙群岛，从马绍尔群岛到所罗门群岛，随处可见珊瑚藻建造起的宏伟壮观的海藻脊。

科学家仔细研究后，发现它并不以吞食其他生物为生，而是靠光合作用制造养料。它的体内含有叶绿素和藻红素，与藻类有亲缘关系，是一种植物，因此正名为珊瑚藻。

由于珊瑚藻体内含有大量钙质，所以犹如石头般坚硬。它们喜欢在波涛汹涌的礁缘上生长，只要狂涛巨浪溅起的浪花碎沫能将它湿润，它便会茂盛地生长、繁殖，并不断扩大自己的地盘。

会“自动报警”的植物

鱼儿离不开水，人类则离不开大气。如果大气中氧气缺少了，所有生物都要死亡；如果大气被有毒气体污染了，所有生物也会生病、死亡。特别在近代工业发达以后，各种不同类型的工厂，放出种种有毒气体，污染了大气，对人类及其他生物造成了极大的危害。因此，保护环境已成为一个世界性的严重问题。

英国人决不会忘记那耸人听闻的伦敦烟雾事件：1952 年 12 月 5 日到 8 日，伦敦地区大气高压，地面无风，乌烟瘴气在居民

广角镜

粉　尘

粉尘是指悬浮在空气中的固体微粒。习惯上对粉尘有许多名称，如灰尘、尘埃、烟尘、矿尘等，这些名词没有明显的界线。国际标准化组织规定，粒径小于 75μm 的固体悬浮物定义为粉尘。在大气中粉尘的存在是保持地球温度的主要原因之一，大气中过多或过少的粉尘将对环境产生灾难性的影响。但在生活和工作中，生产性粉尘是人类健康的天敌，是诱发多种疾病的主要原因。

区内到处弥漫，4 天之内约有 4000 人死去，一周内仅因气管炎而死者达 704 人。行人稀少，警察带着防毒面具指挥交通……像这样毒气伤人的事件在英国历史上发生了 7 次，直到 1962 年采取了有效措施才未再发生。

工业有害气体种类很多，二氧化硫（SO_2）、三氧化硫（SO_3）、硫化氢（H_2S）、氟化氢（HF）、氯气（$C1_2$）、酸雾、硫酸、氮氧化物、粉尘等，对植物、动物、人类都有害处。

前些年在欧洲就传出一些笑话，说有人出高价要买未污染的空气。

植物和人一样，也是大气污染的受害者。但是，许多植物对有害气体的反应，要比人和动物敏感得多。因此，绿色植物是一种活的大气污染的监测仪。

摘下一片剑兰叶子，只要看到伤斑累累的叶面，就可知道这里的空气已受污染，需要采取相应预防措施了。空气中的含氟浓度只有亿万分之四十，剑兰叶子在 3 小时左右就会出现伤斑，而人则是在浓度达到百万分之十才受到伤害。

特别有趣的是，一些植物对不同的有害气体表现出不同的受害症状，它会告诉我们究竟是什么有害气体在作怪。例如，二氧化硫对叶片伤害多出现于侧脉间的叶面上，呈土黄色或暗褐色的伤斑或伤块；紫花苜蓿、棉花、紫茉莉以及苹果等对二氧化硫很敏感，这些植物的叶子一发黄或出现其他症状，就表明二氧化硫的浓度已经高了，预示污染物可能要危及人体的健康。又如，空气中只要有一点二氧化硫，墙壁、石头或树干上的苔藓、地衣就会枯死。还有向日葵、大麦、荞麦、柠檬桉、映山红等

拓展阅读

水石榕

喜半阴，喜高温多湿气候，深根性，抗风力较强，不耐寒，不耐干旱，喜湿但不耐积水，须植于湿润而排水良好之地。土质以肥沃和富含有机质壤土为佳。

都可作为二氧化硫的自动监测仪。

受氟化氢伤害的叶片，则在叶尖或叶边出现褐色或者红色坏死斑或条斑。除剑兰外，番茄、棉花、梅和桃等都可作为氟化氢的监测植物。

可监测氯气的植物有木棉、白蝉、青苔、大红花、水石榕、假连翘等。

其他有毒气体如氯化氢、汽车排气、光化学烟雾等，都可以找到相应的敏感植物。利用植物监测空气污染，人们把这种植物叫作“自动报警植物”。

知识小链接

光化学烟雾

光化学烟雾指的是一系列对环境和健康有害的化学品。它们称之为光化学烟雾是因为它们由最初的污染物质光解而产生的。光化学烟雾是一种淡蓝色烟雾，属于大气中二次污染物。

九死还魂草

你听说有一种能九死还魂的植物吗？蕨类植物中的卷柏就有九死还魂的本事，将采到的卷柏存放起来，叶子因干燥而卷成拳状，乍一看，似乎已经干死。可是，一旦遇到水分，它又可还阳“复活”，蜷缩的叶子又重新发开，如果把它栽在花盆里，过一段时间又可长出新叶来。

谁都知道，任何生物都是一死了之，不能死而复生，更谈不到九死还魂了，可是卷柏就有这种本领，你若不信，请做一下试验，就可得到这样的结论。

如果你要做试验的话，就得先去采集卷柏的标本，不过，采集卷柏的标本千万不要到平原去找，要到那人迹罕到的荒山野岭，乱石嶙峋的阳坡岩石缝里，那里经常生长着一种莲座状的多年生小草，这种小草就是你要寻找的卷柏。卷柏并不大，高不过 5 ~ 10 厘米，主茎短而直立，顶端丛生小枝，地下长有须根，扎入石缝中间，远远望去很像一个个小小的莲座。

卷柏的叶子很小，密露于扁平的小枝上，分枝丛生，浅绿色。它具有极强的抗旱本领。在天气干旱的时候，小枝就蜷起来，缩成一团，保住体内的水分。得到雨水以后，气温一升高，蜷缩的小枝又平展开来。所以叫作“九死还魂草”或“还魂草”。

植物的含水量各不相同，水生植物含水量常达98%，沙漠地区的植物有的只达6%，而木本植物含水量约为40%~50%，草本植物含水量约70%~80%。而卷柏，这种多年生草本蕨类植物，含水量降低到5%以下，仍然可以保持生命。

为什么卷柏具有这种九死还魂的本领呢？

我们通过采集卷柏就可知道它所生活的环境。它们生活在干燥的岩石缝里或乱石山上，因此，它们很难得到充足的水分，长期生活的结果使它们形成了体内含水量极低的特点。即便体内的含水量降到5%以下，它们照样可以生活，可见其生命力之顽强了。遇到干旱季节，枝条便蜷缩成团，不再伸展。雨季一到，卷枝即展开，又可继续生长。经科学研究发现，卷柏细胞的原生质耐干燥脱水的性能比其他植物强。一般的植物经不起长期干旱，细胞的原生质长期脱水就无法恢复原状，细胞因长期脱水而干死，卷柏则不同于一般植物，干燥时枝条蜷缩，体内含水量降低，获水以后原生质又可恢复正常活动，于是，枝条重新展开，重现出生机勃勃的样子。

基本小知识

细胞的原生质

原生质是细胞内生命物质的总称，它的主要成分是蛋白质、核酸、脂质，原生质分化产生细胞膜、细胞质和细胞核。一个动物细胞就是一个原生质团。植物细胞由原生质体和细胞壁组成。

生长在南美洲的一种卷柏才有意思哩，它们无定居之地，可以自由“搬家”，每当干旱季节到来，根子即从土中“拔出”，身子卷成一个圆球，遇上大风，便随风滚动，滚哪滚哪，一旦滚到多水的地方，便将圆球打开，根子就钻入土中，继续生长发育。假如新居水分又不足，它们还可以拔地而“走”，继续“搬家”，过它们的“游牧”生活。卷柏的这种随水而居，逢旱便走的特点是长期适应环境的结果。

卷柏不但是一种观赏植物，而且还是一种药用植物，全株都可入药。据现代药理研究证实，卷柏含芹菜素、穗花杉双黄酮、扁柏双黄酮、苏铁双黄酮和异柳杉素等成分，有活血、止血的功效。生用可起到活血去瘀的作用，在治疗闭经、跌打损伤方面效果也很显著；若炒成炭用于止血，治吐血、便血、尿血和子宫出血；若用卷柏的干粉来处理婴儿断脐流血，效果也甚为显著。卷柏的干粉还是一种美容药，干粉加鸡蛋清服用，能使面部光洁，防止或减少斑痣的发生。

绞杀植物

在北京植物园的温室里，有一棵黄葛张开了章鱼触腕般的气生根，将另一棵大树紧紧缠住。大树虽然比黄葛更为高大、健壮，但在黄葛气生根的缠绕下，早已被勒得奄奄一息，看来，绞杀致死是在所难免了。

无独有偶，人们还可以在云南西双版纳的雨林谷中看到：有一棵被称为“绞杀王”的榕树，树龄达 300 年，长到了 40 多米高，根系所围成的圆周长已超过

广角镜

漆树科

双子叶植物纲蔷薇亚纲中经济价值较大的一科，绝大多数为乔木或灌木，少有木质藤本和亚灌木状草本。叶互生，多为羽状复叶，也有单叶或掌状 3 小叶，无托叶。花小，单性或杂性异株，少有两性，整齐、排列成圆锥花序；离瓣，3～5 基数，稀为单被或无被；雄蕊与花瓣同数或为其 2 倍，有时部分退化；子房上位，少有半下位至下位。核果。韧皮部具裂生性树脂道，分泌乳液或水状汁液。

30 米，7 个成年人手拉手才能围住“绞杀王”的一半树干。“绞杀王”下长出上万条气生根，被害者已经“尸骨无存”。

绞杀树为什么要对被害者进行绞杀？它们是怎样达到自己目的的？植物之间的绞杀现象又给我们人类以什么启示？

绞杀植物主要生活在热带雨林中，它们包括桑科植物中的榕属、五加科植物中的鸭脚木属和漆树科植物中的酸草属等。

19 世纪，一位叫辛伯尔的植物学家经过长期研究，将生长在潮湿热带地区的常绿森林植被称为热带雨林。我们知道，在热带雨林中，植物与植物之间的竞争是十分激烈的。据不完全统计，在仅占世界陆地面积 3% 的热带雨林中，所包含的植物种类竟达世界植物种类总数的 50%！

在热带雨林中，植物的密度是很大的，为了争夺阳光、空间和养分，植物之间往往会发生残酷的生存斗争。省藤等藤本植物会攀缘在大树之上，借助别的植物的帮助，使自己扶摇直上，争取到上层的阳光。而豆科、凤梨科、天南星科的一些附生植物则附着在别的植物的枝条和叶片上，生长得生机勃勃，它们是靠吸取其他植物身上的养分和水分而生存的。

绞杀植物的生活习性则介于附生和独立生活之间，比如说，被称为“绞杀之王”的大青树本是榕属植物在西双版纳的俗称，在当地，大青树有 50 余种，它们结的果子十分诱人，是过路鸟儿和野兽常吃的食物。

大青树的种子很小，种皮又很坚硬，鸟兽吃下果实后，消化了果肉却不能消化种子，它们飞到树顶或攀到枝丫上就会将包含种子的粪便排到那儿。

在热带雨林的阴湿环境中，大青树的种子很快就发芽了，长出细细的气生根，这些气生根能吸取空气中的水分和被附着植物身上的养分。慢慢的，小大青树长大了，一旦它们的气生根顺着被附着植物的茎干向下长入土中，小大青树便迅速长大。这时，原先专为攀附其他植物而长出的气生根便长出许多侧根来，这些侧根能稳稳地撑住大青树，而且，还能从它们的身上再长出侧根来。原先的侧根和稍后长出的侧根与数不清的气生根，就如同一张巨大的网将大青树所附着的植物包围。

与此同时，大青树的强大根系拼命地吸食水分和营养，而它所张开的树网将被害者围住，不让它们增粗，勒断了它们输送营养的韧皮部。大青树最凶狠的一招则是，在独立吸收水分和营养之后，便迅速地抽枝长叶，将被包围的树木所需要的阳光和空间剥夺得一干二净，终有一天，被围的树木便悲惨地死去，而它的残躯则又供大青树独享，消化吸收，大青树自己就成为热带雨林上层的统治者。

基本小知识

韧皮部

维管植物（蕨类植物和种子植物）体内输导养分，并有支持、贮藏等功能的复合组织。植物体各器官中的韧皮部与输导水分的木质部共同组成维管系统。被子植物的韧皮部由筛管和伴胞、韧皮纤维和韧皮薄壁细胞等组成。其中筛管为韧皮部的基本成分，有机物（糖类、蛋白质等）及某些矿质元素离子的运输由它们来完成。韧皮纤维质地坚韧，抗曲挠能力较强，为韧皮部中担负机械支持功能的成分。

令人惊叹的是，大青树不仅绞杀别的植物，它们自身也会互相残杀。著名的进化论者、英国科学家达尔文所说的“物竞天择，适者生存”的原则在热带雨林的生存斗争中被诠释得淋漓尽致。

在云南西双版纳勐仑的翠屏峰，有一棵叫黄葛的榕树用无数的气生根将另一棵胸径达1.1米的菩提树团团围住，黄葛和菩提树的根部已经融合在一起，看样子，黄葛很快就要下毒手了。而在勐仑植物园里，一棵也许曾经绞杀过其他植物的黄葛却被别的绞杀榕树用树网团团围住，虽然黄葛长得很

趣味点击

菩提树

菩提树为桑科榕属植物，树干笔直，树皮为灰色。树冠为波状圆形，具有悬垂气根。国内分布于西南部以及中南半岛。菩提树可用于寺院、街道、公园作行道树。菩提树也是台湾花莲县的县树。

高大，树高达30多米，直径达1.6米，但却没有能力挣脱围在它身上的网，死神已在暗暗向它招手。自然界的生存斗争血淋淋摆在眼前。

在亚洲的热带雨林里，大青树对受害者采取的是“绞杀”战术，而在遥远的巴拿马，生活在热带雨林的一些大树则采取挤压战术。一些大树为了排挤其他植物，它们的根部往往变得肿胀，而且，肿胀的程度会越来越厉害。最终，它们会将邻近植物的根部挤出地面，使其因根系被破坏而死去。

淹不死的植物

绝大多数植物都怕积水长时间浸渍，最怕涝的棉花，淹水一两天，叶片就自下而上发生枯萎，然后脱落，只有顶部近生长点的幼小嫩叶，还能保持一些绿色。大豆淹水一两天，叶片也会自动由下而上地脱落，小麦幼苗淹水5—10天便会死亡。水稻算耐涝植物，但是如果淹水深度超过株高的一半，时间久了也会活得不景气。

淹水的土壤里氧气不足，根系缺乏氧气，它的吸收水肥能力与利用水肥能力就会大大降低。水淹使植物饥饿、衰老、发毒害，造成生理障碍而致死，这几乎是普遍现象。

但也有植物不怕水，是淹不死的植物。金鱼草就不怕水，长年沉浸在水里也淹不死，金鱼草的植株体又柔又细，轮生的叶，叶宽只有0.1～0.5毫米。这柔软的纤草遍布世界各大洲的湖泊、池沼和水沟里。

金鱼草为什么淹不死呢？是它们适应水生环境特征给予的保

你知道吗

菱　角

菱角又名水栗、菱实，是一年生草本水生植物菱的果实，菱角皮脆肉美，蒸煮后食用，亦熬粥食。菱角含有丰富的蛋白质、不饱和脂肪酸及多种维生素和微量元素。味甘、平、无毒。具有利尿通乳，止消渴，解酒毒的功效。

证，它们的茎叶里有好多空洞，洞里有空气，金鱼草可以从中获得氧气，进行呼吸，这种组织结构就使它不会淹死。它们的叶片分裂成丝状，表面没有角质层，细胞壁很薄，这种结构使得茎叶表面任何部分的细胞都可以吸收水分，接受光线，金鱼草没有陆地植物那种支持茎干的机械组织和输导组织，又没有根。这柔软的植物体利于抗水压，而不致被冲坏。

像金鱼草（又叫金鱼藻）这样沉浸在水中生长的高等植物还有几种，如茨藻、小茨藻等，广泛生于我国各地的淡水或咸水中。

各地池塘河沟的浅水中还常见菱角和睡莲，它们也是水生植物，荷花的茎高出水面，叶花都在水外生存，对水也有很好的适应性。

水生植物的结构证明，植物若是不怕涝，就必须在体内逐渐出现良好的空气通道，根的通气组织越发达，根木质化越扩展，它的抗涝能力也越强。水稻的根在表皮下就有显著的木质化的厚壁细胞，这就是它比旱地作物抗涝性强的一个原因。

很久以前，人们在大川巨湖中常常能看见浮岛，大小不同、形式不一地长满了植物的小岛在水面上漂浮着。今天人们看了它，明天它又不知到哪里去了。当人们还未明了浮岛的来龙去脉时，往往惊诧不已，甚至把它当成神秘的圣地，认为这些湖川中时隐时现的小陆地，可能是神怪耍的把戏。其实这些浮岛的构造原理毫不足奇！人们都见过生在池畔和湖边的芦苇和其他水草，有时它们匍匐在泥中的茎、根连同泥土一齐脱离了岸，在水中漂泊。浮岛的构成原理完全与此相同，流水冲激着江、湖两岸，一部分生长着植物的岸边的泥土就可能脱离陆地，这种泥土中广布着植物根与茎，它们盘根错节，纠缠在一起，泥土黏在它们之间。当它们的分量不十分沉重时，就能在水中浮动。随着时间的流逝，枯枝落叶就积满在上面，逐渐变成腐殖质，形成了土壤，上面竟生起植物，但仍在水面上漂浮，人们遥遥张望，确实是一个浮动的岛屿。

这种岛屿在美国的密西西比河和非洲的尼罗河上随处可见，有的浮岛很大，有时航行在河中的轮船都用它做暂时的停泊之地，其实这些神秘的浮岛竟是淹不死的植物创造出来的。

盐碱地中的植物

在盐碱地上，常常会出现一层白色的盐霜。当土壤中氯化钠、硫酸钠含量较多时，称为盐土；当土壤中碳酸钠、碳酸氢钠较多时，称为碱土。实际上，很多地区的土壤中往往同时含有上述几种盐，故称为盐碱土。植物的耐盐性一般都很低，如果土壤中含盐浓度达 0.05% 以上，许多植物就无法生存，盐碱土地区的人们有一段顺口溜：“碱地白花花，一年种几茬，小苗没多少，秋后不收啥。”可是，有些植物却具有较强的抗盐能力，能在盐渍土上顽强的生长，人们称之为盐生植物。

拓展阅读

盐碱地

盐碱地是盐类集积的一个种类，是指土壤里面所含的盐分影响到作物的正常生长，根据联合国教科文组织和粮农组织不完全统计，全世界盐碱地的面积为 9.5438 亿公顷，其中我国为 9913 万公顷。我国碱土和碱化土壤的形成，大部分与土壤中碳酸盐的累计有关，因而碱化度普遍较高，严重的盐碱土壤地区植物几乎不能生存。

盐生植物为什么不怕盐碱呢？原来，盐生植物具有各种抗盐的方式和巧妙的防盐本领，真犹如“八仙过海”，各显其能。

柽柳是盐碱地上时常见到的一种盐生植物，它是一种乔木，树皮红褐色，叶子呈鳞形生在纤细的小枝上，微风吹来，一丛丛柽柳飞红挂绿，别有一番景色。当我们走近柽柳时，就会发现它的茎和叶上，冒出了一粒粒白色的结晶，如果尝一尝，马上会感到又咸又苦，这是怎么回事呢？原来，柽柳的根在从盐碱土中吸水时，能够吸收大量的盐碱，但体内并不积累，这些盐碱由水带着，通过茎、叶表皮排到茎和叶的表面，水很快蒸发了，而盐碱却留在茎、叶表面，形成了一粒粒白色的结晶。

胡杨也是一种盐生植物，常和柽柳混生在一起，它也能从土壤中吸收盐碱，然后又从树皮裂口处排出体外，形成黏稠的液体，人们将这黏稠的液体叫作“胡杨泪”。“胡杨泪”里含有小苏打、食盐等成分，当地人还常常用它来发面蒸馒头。胡杨和柽柳能像人出汗一样，把盐分排出体外，人们称之为排盐植物。

盐角草是世界上最耐盐碱的植物，它全株绿色，叶子极小，身体肉质多汁。盐角草也从盐碱地里吸收大量的盐碱，但并不像柽柳、胡杨那样排出体外，而是永远贮存在身体里。在盐角草茎中的细胞内有叫盐泡的结构，盐碱都存到盐泡里了。盐角草靠着一个个小盐泡，就能从盐碱地里吸收水分，不但如此，由于盐碱都被圈在盐泡中，再也无法毒害盐角草了。盐角草因为有这种本领，能在含盐量高达0.5%～6.5%的盐碱地上生长。像盐角草这样的耐盐植物，称为聚盐植物。

艾蒿是一种很有名的中药，针灸用的艾卷，就是用艾蒿叶制成的。它也是一种盐生植物，为什么艾蒿能生长在盐碱地上呢？原来它具有“拒绝”吸收盐分的奇特本领。一方面在根部细胞中积累大量可溶性碳水化合物，以提高渗透压，使根细胞有很强的吸水能力；另一方面，它的细胞膜对某些盐分的透性很小，犹如一道天然屏障，把盐分拒之体外。艾蒿既能从盐碱地里吸水，又不让盐碱进入身体中，这样它就能很自在地生活在盐碱地上。像艾蒿这样拒盐碱于植物体外的植物，称为拒盐植物。

你知道吗

渗透压

将溶液和水置于U型管中，在U型管中间安置一个半透膜，以隔开水和溶液，可以见到水通过半透膜往溶液一端跑，假设在溶液端施加压强，而此压强可刚好阻止水的渗透，则称此压强为渗透压。渗透压的大小和溶液的重量摩尔浓度、溶液温度和溶质解离度相关，因此有时若得知渗透压的大小和其他条件，可以反推出溶质分子的分子量。

短尾灯心草是一种多年生的草，生有一条细长直立的茎，茎的基部生出一丛长长的叶，很是别致。它既不排盐，也不聚盐和拒盐，而是用脱落老叶的方法，来排出盐分。短尾灯心草在盐碱地中吸水时，也吸进了很多盐，它把盐碱聚在叶内，等到老叶充满盐分时，就提前干缩脱落，然后，幼叶又来接替老叶的位置，这样就能不停地往外排盐。

由此看来，各种盐生植物抵抗盐碱的方法是多种多样的。盐生植物抵抗盐碱的本领，绝不是在一两代中形成的，而是它们世世代代生长在盐碱地上，同盐碱长期斗争中逐渐形成的。

我国的 400 多种盐生植物既具有很高的耐盐能力，又具有各种各样的经济用途。有的可以作为食品的原料，例如金合欢属的种子，含有丰富的蛋白质和碳水化合物，是做面包的上等原料；藜科碱蓬的种子是一种优质的食用原料；甘草、天门冬是制造甜味剂的原料等。有的盐生植物含有丰富的蛋白质可以作为饲料，如猪毛菜、披碱草、芨芨草、滨藜、獐毛、碱茅、地肤、骆驼刺等。盐生植物中有 100 多种含有药物成分，可以作为医药原料，例如枸杞、补血草、甘草、罗布麻、白刺、鹅绒萎陵菜、柽柳、海桑、滨海前胡、沙滩黄芩、盐生车前等。一些盐生植物可以作为纤维原料，例如芨芨草的茎皮纤维含 43%，是很好的纤维植物；罗布麻的纤维十分耐腐蚀，可以

趣味点击 猪毛菜的饲用价值

猪毛菜是中等品质的饲料，幼嫩茎叶，羊少量采食，调制后猪、禽喜食。其饲用部分为幼苗及嫩茎叶，6～7 月割取全草，切碎可生喂猪、禽，也可发酵饲用。8 月现蕾以后，茎干硬，饲用价值降低。猪毛菜果期全草可为药用，治疗高血压，效果良好。

广角镜

盐生车前

车前科车前属草本，叶通常基生，基部鞘状，主根明显，圆柱形或圆锥形，叶线形。生于天山、阿尔泰山的山地草原、平原盐化草甸荒漠。

做海底电缆的包皮；芦苇含纤维50%左右，是造纸的优良原料，除此之外，还有白茅、灯心草、大叶白麻、柽柳、田菁、黄堇等，也可做纤维的原料。有些盐生植物还具有很好的观赏价值，是上等的观赏植物，如沙枣，叶片上有一些白色鳞片，十分美丽，很适于做盐碱地区的行道树，沙枣的花也很漂亮，而且十分芳香，是一种蜜源植物。除此，还有一些盐生植物也可以作为观赏植物，例如碱菀、凤毛菊、马兰、马蔺、柽柳等。再如补血草属植物，植株和花都很美丽，而且花枯萎后也不落下，是一种良好的干花材料。

冰山上的雪莲

一提起雪莲，人们自然就会联想到坚忍不拔、百折不回的精神。雪莲，确有这种傲霜压雪，不惧强暴的“个性”，它在海拔5000米以上的岩石峭壁之中，面对着皑皑的白雪，开放出紫红色的花朵。

在西藏南部地区和四川西北部，海拔4500～4800米的地带，山上多石滩，是世界上一些著名的高山植物分布中心。这里植物种类繁多，许多植物就像趴在地上一样，用以抵抗狂风和严寒。在海拔5000米以上，植物逐渐稀少，只看到裸露的岩石上生长着一些地衣，可是雪莲花却在这一地带的石缝中扎根生长，并能开出美丽的紫色鲜花，比其他植物更不怕那种严酷的环境。

青藏高原的高山地带，即使在炎夏季节，也常常是寒风呼啸，有雨即成雪；那里的光照极为强烈，岩石的风化也很快，土壤少而质地粗。恶劣的环境条件剥夺了许多植物在这里的生存能力。但雪莲却能茁壮生长，其中必有道理，追根究源，这种本领原来是它们和外界长期斗争来的。

雪莲株形较矮，叶子好像从地面上长出来似的，这样就能抵抗高山上的狂风。它满身茎叶绒密，像厚厚的白色棉毛，紫红色的花序也被一层层银白色的毛茸茸的花苞包裹着，既能防寒，又能保湿，还能反射掉一部分高山强烈的辐射光，从而保护了植物不受伤害。那粗壮深长而柔韧的根系，穿插在乱石之间和粗质的土壤里，既能吸收水分和养料，还能防止岩块下滑的机械损伤。雪莲在形态上和生态上的这些特点，保证了它能在寒冷贫瘠的高山上生长发育、繁衍后代，成为傲冰雪、斗严寒的“英雄”。

雪莲也是一种草药。6—8 月间采集全株，晾干后即可做药，有除寒痰、壮阳补血的功能，用以治疗脾虚咳嗽、肾虚腰痛、月经不调等疾病，民间有人用它泡酒治疗风湿性关节炎，据说也有一定的效果。

有免疫功能的植物

多数植物具有先天的免疫力，能有效地抵抗细菌、真菌和病毒的危害，这是人所共知的。但很少有人知道，植物也可以像人一样通过打防疫针，而获得后天免疫力。

通过植物学家的努力，使植物在后天获得免疫力的设想变成了现实。他们用各种诱导因子给幼苗接种，就像接种牛痘一样，使植物获得整体免疫，能抵抗各种病害。

广角镜

免疫力

免疫力是人体自身的防御机制，是人体识别和消灭外来侵入的任何异物（病毒、细菌等）；处理衰老、损伤、死亡、变性的自身细胞以及识别和处理体内突变细胞和病毒感染细胞的能力。现代免疫学认为，免疫力是人体识别和排除“异己”的生理反应，人体内执行这一功能的是免疫系统。

植物学家找到的诱导因子很多，如非致病性病原体、针对性的非病原体、弱致病性病原体、减毒后的强致病性病原体及其代谢产物等。这些诱导因子都可以诱导植株对病害获得免疫能力。

用诱导因子诱导植株对病害产生免疫能力的办法很简单。只要将诱导物质喷洒或滴在叶片表面，或直接将诱导物浇在根上及注射到植株茎部，就可以诱导植株免疫。

免疫产生的抗性对同一种植物来说，不似动物后天免疫的专一性强。这种抗性，可以不只是针对一种病原菌的，能够产生广泛的抗菌性，提供多种保护。

植物学家通过多年试验，在植物后天免疫研究中取得很大进展。目前已证实，至少有17科植物可以在诱导因子作用下对病害产生免疫能力，免疫植株中的植物抗毒素含量比一般植株明显提高。植物抗毒素可以直接抑制病菌生长。

基本小知识

植物抗毒素

植物抗毒素指病原菌侵入寄主时，两者相互作用的结果，寄主细胞产生抑制病原菌生长的物质，即与植物抵抗病害反应有关的物质，是由K. Mller（1952年）命名的。植物抗毒素对病原菌并不显有特异性，它对许多不同的病原菌的生长均有抑制作用。植物抗毒素的种类与病原菌的种类无关，而是由寄主决定的。

沙漠植物的生存绝招

在人烟稀少、自然条件极为恶劣的戈壁沙漠中，你会惊奇地发现，在如此严酷的环境中仍然生长着很多可爱的绿色植物，让人不由感叹自然界的神奇，这些植物又是如何在干旱、高温、多风沙的气候条件下生存下来呢?

我们知道沙漠里风沙大，沙漠可以掩埋道路、沟渠和房屋等，但它对沙竹却奈何不得，当沙竹被沙掩埋时，在茎节处能发出不定根和不定芽来，沙高竹长，随着沙丘的增高，沙竹不断淘汰旧根长出新根，自身也被沙丘抬高了，此外沙蒿、沙旋复花及花棒等都具有这种特性。

为了抵御风沙的侵蚀，沙竹、沙荠和沙芦草的根系能形成一层套根，即由固结的沙粒形成的囊状套，当带有根套的根被风蚀露出地面时，根套对根会起保护作用，使根免受灼伤、冻伤和机械损伤。沙葱长着很厚的纤维套同样起着根套的作用，这些都是对干旱环境的适应。

沙生植物一般都根系强大，主根深、侧根广，根可以是身长的数倍甚至数十倍。沙柳的根虽不如梭梭、白刺的根扎得那么深，但它的水平根会很长，其表层须根密如网，互相盘结、固结在沙丘上层，既可以固沙，也可广泛吸收沙丘表层得水分，沙拐枣同样也有此特性，水平根可以长达数十米。

沙漠中水分稀少，蒸发量却很大，许多沙生植物经过长期的进化，产生许多特异形态结构，如白刺、沙拐枣的枝条呈灰白色，可以抵御强烈日光，免受灼伤；盐爪爪和碱蓬的叶枝呈肉质以积攒水分；沙冬青的叶表面披有蜡质或灰白色毛；梭梭、柽柳的叶成鳞片状；霸王花的叶缩小或退化；骆驼刺的枝退化为针状；等等。这些都是为了减少水分散失以适应干旱环境的结果。

你知道吗

骆驼刺

骆驼刺属豆科、落叶灌木，骆驼刺主要分布在内陆干旱地区，骆驼刺是骆驼的牧草，所以又称骆驼草，是一种矮矮的地表植物。

在沙漠里干季长，雨期短，为适应这一特点，有些植物如沙蓬、盐生草等，在短暂的雨季1—2月里就可以迅速发芽、生长、开花、结果，完成其生活史，短命菊种子一遇雨即萌发，只需几个星期就可开花结实。在戈壁中生长的猪毛菜，干季时枝叶枯萎，呈假死状，遇雨则又恢复生机。

再如银沙槐，能够大量结实，仅靠降水供种子萌发，萌发率非常之低，但因为种子多，一旦有种子萌发成活，便可大量分蘖，仍然可以繁衍生存。

总之，沙漠中的植物之所以能够生存，是由于长期的自然演化过程中，逐步适应环境的结果，所谓适者生存、不适应者淘汰。

太空植物

航天育种又称空间诱变育种。由于太空微重力、高真空、弱磁场和宇宙射线多的特殊环境，航天育种具有地面常规育种难以比拟的优势，即利用太空特殊的环境影响作物种子使其产生变异，返回地面后经过选育，得到作物新品种。

20 世纪 60 年代，第一艘载人宇宙飞船冲破大气层，克服了地心引力，成功地进入太空遨游，此后，各种各样的空间站开始在星际轨道上运行。空间站实际上就是太空实验室，能在太空中停留相当长的时间。所有这些成就，为植物进入太空奠定了基础，科学家开始在空间站里培育、种植植物。

知识小链接

空间站

空间站又称航天站、太空站、轨道站。是一种在近地轨道长时间运行，可供多名航天员巡访、长期工作和生活的载人航天器。空间站分为单一式和组合式两种，单一式空间站可由航天运载器一次发射入轨，组合式空间站则由航天运载器分批将组件送入轨道，在太空组装而成。

从理论上说，在太空失重的环境下，能减少对植物生长的抑制，再加上一天 24 小时都有充沛的阳光，植物生长的条件比在地球上优越得多。科学家期望，空间站能结出红枣一样大小的麦粒，西瓜般大的茄子和辣椒。

但最初的实验结果实在糟透了。那是 1975 年，在苏联“礼炮 4 号”宇宙飞船上，宇航员播下小麦种子后，一开始情况良好，小麦出芽比在地球上快得多，仅仅 15 天，就长到 30 厘米长，虽然是没有方向的散乱生长，但终究是一个可喜现象。可在这以后，情况越来越不妙，小麦不仅没有抽穗结实，反而枝叶渐渐枯黄，显示出快要死亡的症状。

是什么原因导致植物不能在太空正常生长？科学家开始寻找失败的根源。我们都知道，任何物体进入太空都会遇到失重，失重会给人和植物带来许多意想不到的麻烦，植物在失重情况下，通常只能活几个星期。

为什么植物对“重力”这么依恋呢？原来，长期生活在地球上的植物，形成一种独特的生理功能，因为有重力的作用，植物体内的生长激素总是汇集在茎的弯曲部位，而这种生长激素，恰恰是控制植物生长的重要物质，只有当它聚集在适当位置时，才能有效地控制植物向空间的生长方向。一旦处于失重状态，情况就不同了，植物的生长激素无法汇集到茎的弯曲部，使幼茎找不到正确的生长方向。幼茎只能杂乱无章地向四下伸展，这样要不了多久，植物就会自行死亡。

找到了失败的原因，下一步是寻求解决方法，于是，科学家又马不停蹄地开始了一场新的试验。

解决失重问题，最直接的方法当然是建立人工重力场，但要在小小的空间站里用这个方法，实在很难行得通。正在这令人困惑的时候，有位美国生理学家，提出了一个富有创造性的建议。

他认为：“电对整个生物界起着巨大作用，在地球的表面，每时每刻都通过植物的茎和叶，向大气发射一定量的电子流。这对植物营养成分和水的供应产生很大影响。另外，地球上的土壤和植物之间，存在明显的电位差，这种电位差有利于植物从土

拓展阅读

重力场

重力场是指受地球重力作用的空间范围。研究地球的重力场，在大地测量学中可用以推求平均地球椭圆的形状，建立国家大地网和国家水准网；在空间科学中用以确定空间飞行器受地球引力场作用的轨道改正；在固体地球物理学中用以研究地球内部构造及矿产资源分布。

壤中吸收营养。如果在失重条件下，植物与土壤之间没有了电位差，也不再向空中发射电子流，也许，这就是导致太空栽培植物失败的原因。”

这个建议很符合科学逻辑性，科学家决定采用电刺激方法，来解决失重给植物生长带来的问题。

他们设计了一种回转器，将葱头栽种在回转器上，每两秒钟改变一次方向，也就是在两秒钟内，植物从正常状态（绿叶朝上）到反方向（绿叶朝下)。

这就相当于在失重状态下，植物没有了“天”和“地”之分。回转器上种着两个葱头，一个被通上电源，受到一定的电压，另一个则不通电源。结果，那个没接通电源的葱头，到了第四天，便出现绿叶开始向四处分散、杂乱无章地伸展的现象，又过了两天，叶子出现枯黄萎缩，趋于死亡。而另一个受电刺激的葱头，恰恰与它的伙伴相反，就像长在菜畦里一样绿油油的，挺拔而又粗壮。

后来，科学家又将这两个葱头互相调换，不到一星期，奇迹发生了。那只快要死去的葱头受到电刺激后，脱去了枯萎的叶片，重新长出新鲜绿叶，而原先充满生机的葱头，因为失去了电刺激，很快停止了生长，叶梢变得枯黄卷曲。

我国的太空植物包括小麦、水稻、番茄、甜椒、黄瓜和若干太空药材等，共有数十个品种，目前河北、浙江、甘肃、山东、四川等都有大面积种植太空蔬菜的基地。培育出的太空青椒单果最重达750克、太空番茄平均单果重250克。太空黄瓜目前已经开始大规模种植，单产量比普通黄瓜高25%左右，而且口感好，抗病性好。

植物的繁殖探秘

ZHIWU ZHONG DE AOMI

植物的繁殖方式多种多样，有的靠风传粉，有的以鸟为媒，还有的用孢子繁殖；有的植物没有母亲，有的植物能“怀胎生子”。植物的繁殖魔法还不只这些，它们还真有移花接木的本事，还能自然克隆，还非要与动物生死与共。在植物的王国里，什么怪事都可能发生！

植物的两性之谜

植物的花有雌花、雄花之别，雌花能结实，雄花却不能。

对于植物性别我们的祖先早有所认识，在我国最早的一部农书《齐民要术》上就记载有公元5世纪以前黄河流域的农业生产情况，明确地提到“白麻子为雄麻”，知道植物有雄、雌两性。

显微镜的发明，大大开阔了人们的眼界。人们通过显微镜观察了植物性细胞，进一步认识了植物传粉、受精等生命现象。直到19世纪中叶人们才普遍确认花是植物的有性繁殖器官，植物有两性之分，两性之谜才最终得到了科学的答案。

植物的两性是怎么构成的呢？雄性器官是雄蕊，雄蕊由花丝和花丝上面长的花药组成，花药里面长有花粉。当花药成熟时，花粉从里面散发出来。花粉粒是具有两层厚壁的圆形细胞，里面有营养核和生殖核，但是花粉还不是精子，花粉萌发时，从萌发孔上长出花粉管，两个核移到管内，营养核便促进花粉管的生长，生殖核又分裂成两个核，变成了有性的生殖细胞——精子它们参加受精作用。

基本小知识

花 药

花药是花丝顶端膨大呈囊状的部分，是雄蕊的重要组成部分。花粉囊是产生花粉的地方。每一花药通常由4个或2个花粉囊组成，左右对称分开，中间以药隔相连。花粉囊内产生许多花粉粒，花粉成熟后，花粉囊裂开花粉粒散出。

花的雌性器官是雌蕊，雌蕊由花柱和它上面的柱头及下面的子房组成。子房内含有胚珠。胚珠可能有不同的数目——从一个到多个。花柱有长有短，它上面膨大的部分是柱头，柱头表面凹凸不平，形状也一样。我们把胚珠放在显微镜下观察，可以看到里面有胚囊。在开花之前，胚囊中心的核开始分裂，最后分成八个新核，其中留下两个，在接近珠被还没有接合很好的那一端，中间的是卵细胞，它直接参加受精作用，其余五个起辅助作用。最后，留在中央的两个核，互相愈合，产生了极端。

如果花粉落到雌蕊柱头上，它便在柱头上发芽，生出花粉管，沿着花柱向下迅速地生长。通过消化作用，使柱头和花柱组织受到破坏，花粉管就伸入子房，到达胚珠。再通过珠被没有充分接合的孔口，到达胚囊壁。当花粉管贯穿胚囊壁的时候，顶端开始破裂，精子从那里滑出来。其中一个走向卵细胞，与它结合，形成了胚，这就是受精作用。第二个精子，更深入胚囊，接近了囊中的极核，与它们结合形成了胚乳。

这就是植物的两性和两性的结合过程。

植物的性别主要是由遗传决定的，但外界条件能够动摇遗传而改变植物的性别。如杜仲的绿枝，在强烈修剪的影响下，在雄株上可能出现雌性花。另外，干燥的瓜类植物种子在高温的条件下可以较早出现雌性花。

会变性的植物

植物并不都是雌雄同株的，也有一部分植物是雌雄异株的，由此，这些植物就被打上了性别的烙印，分为父亲树和母亲树。雌雄异株的植物著名的有银杏、瓶兰花（金弹子）、杨柳、开心果树等。雌雄异株的树木必须要同时有雌树、雄树杂居，才能孕育后代。

你知道吗

瓶兰花

瓶兰花为柿科柿属植物，分布于热带、亚热带地区。做花卉栽培的瓶兰花是野生驯化而来，大叶瓶兰花是小叶瓶兰花的变种。大叶瓶兰花较易栽培，容易开花。小叶瓶兰花还保持野生性状，较难栽培。养好的瓶兰花具有叶细枝密，铁干虬枝，芳香馥郁，金弹累累等特点。

有的植物的雌、雄株会发生变性现象，雌株会变成雄株。有一种叫印度天南星的多年生草本植物，便是一种典型的变性植物。它的雌株体型高大健壮，营养物质丰富，但开花结果以后，由于大量消耗，第二年便变为小型的雄株。而当它“体力”恢复后，还可还原为雌株。印度天南星一生中可多次反复变性，一会儿做“女人”，一会儿又去尝尝做“男儿”的味道。还有一些过渡株，既不能做“男儿”，又不能做“女人”，只好“男不男，女不女”了。

植物的自然克隆

克隆是指一个个体不通过性细胞的结合便产生多个后代，形成一个无性繁殖系。克隆的后代在遗传性上是相同的，例如吊兰从花盆里长出许多小的相同个体，这种自然的克隆现象，在植物界是很多的。例如，阔叶落地生根即使已经有8个月没浇水了，按理说会枯死了，可是就在枯死的叶片先端又长出了新的植株，老株死了，新的一代生命又生机勃勃地开始了。它和棒叶落地生根一样，能在叶片边缘或先端长出多个小植株。一盆吊挂着的植物叫翡翠景天，花工叫它松鼠尾，它的叶片稍被碰擦就掉下来了，然后每一个叶片都可能长成一个新的植株，这些都是植物的自然克隆现象。那里长着一片地笋，用力拔起一株，下面带着几段小指般粗的茎，地笋用这样的办法可以由一株繁殖出多个植株。在山区我们还能见到一株株开小红花的植株，这种植物叫草石蚕，它的地下也有膨大的根状茎，挖出来一看，见到一颗颗像白玉般晶莹剔透的根状茎，我们平时吃的酱菜——螺丝菜，就是用它膨大的根状茎腌制成的。如果在马铃薯地里轻轻刨开土壤，发现有乳白色的细丝，到了末端就长着一个个膨大的球，细细一看，确实是正在生长的马铃薯，原来一株马铃薯下面可以长出许多个块茎，这确实是一种繁殖的方式——克隆。

在池塘边那里长着荸荠，挖起几个洗干净后，发现一个荸荠就是一个球茎，呈扁球形，底下一个疤，是和去年地下茎相连处，上面长着好几个芽，球茎上环状的条纹就是它的节，节上长有退化成薄膜状的叶，顶上的芽萌发后，向上伸出圆柱状的叶，向下生出不定根，类似的现象还很多，像慈姑、莎草、芋艿都有这种现象。

基本小知识

地下茎

在地下水平生长的粗壮的茎，在其上又长出新的根和芽。地下茎生在地下，也有节和芽，但在形态、结构上有很大变化，属变态茎。地下茎可以分为：根状茎匍匐生长于土壤中、形态变成根状的地下茎；块茎短缩肥大的地下茎；球茎肥大、短而扁圆的地下茎；鳞茎由多数肉质鳞片叶包裹着短缩茎而成的球形地下茎。

薯蓣科植物常有的现象是它们会在叶腋里长出一个个小的块茎，条件合适时，就各自发育成新的植物体，这种小块茎通常称为零余子。

为什么植物能自然克隆呢？要知道植物体长成以后，除了生长点的细胞没有分化以外，所有的细胞都已分化成各种组织，植物的自然克隆证明了一条真理：细胞具有全能性，即使已经分化成某一种专门功能的成熟细胞内，还是含有这个物种的全部信息，只要条件合适就可能进一步分裂复制出一个个新的个体。早在几十年前，人们就将一些珍稀的植物的叶片、花药、茎段、茎尖等进行

拓展阅读

草石蚕

多年生草本，高 13～23 厘米，根状茎长而横走，密被白棕色狭鳞片。具有祛风除湿，清热解毒的作用。常做观赏植物，因形似蚕宝宝，颇为奇特。1996—2000 年间，坊间伪称是新鲜的冬虫夏草而声名大噪，价钱高昂，许多人受骗仍不知情，但经推广之后，目前已成为新兴蔬菜。

组织培养，从而培育出千千万万株遗传性相同的后代。农民在生产实践中将马铃薯、番薯切成几块播种，将名贵的花卉、水果进行扦插或嫁接，都是人工地进行克隆，它们的优点就是保留了作物的优良性状，扩大了个体数量，尤其是在条件不适合的地区植物不能开花或不能充分结实情况下，开辟了一条扩大种植的有效途径。

植物动物之间的共生共存

生物界中，动物之间的共栖现象很常见，不会引起人们的注意和惊诧。如海葵附着在有寄居蟹匿居的贝壳口周围，利用寄居蟹来作为运动工具，并以它吃剩下来的残屑为食料，寄居蟹则可受到海葵刺细胞的保护。

在自然界中，也有一类植物需要借助昆虫的寄生来繁衍和生长，如切断这条途径，这些植物就将永远在地球上消失；那些昆虫要是得不到该植物提供的寄生场所或者花粉等食物，也就会灭绝。

在我国南方，有一种叫薜荔的植物和它的寄生虫薜荔榕小蜂之间演绎的故事是共生共存关系的写照。薜荔是一种常绿木质藤本植物，属于桑科无花果属。薜荔的果可加工成薜荔冻，具有解热清暑、提神健身之功效。薜荔是雌雄异株的植物，就是说每棵薜荔树都是单性的，不能自身完成授粉结果繁殖后代。薜荔榕小蜂是一种微型小蜂，雌、雄小蜂形态并不相同。黄色的雄蜂一生都在黑暗的薜荔花序内，它们没有翅膀，眼睛和触角也已退化到很小，但它们的嗅觉、交配器官特别发达。黑色的雌蜂，翅膀、眼睛和触角都发育正常。雄株薜荔的花序内有雄花和瘿花两种花，其中雄花供授粉结果用，瘿花是一种退化了的雌花，它已经失去了繁衍后代的能力，不结果，专供它的伙伴——薜荔榕小蜂产卵、栖身之用。在瘿花里，小蜂完成幼虫孵化直至成虫。发育成熟的雄蜂和雌蜂分别用自己锐利的牙齿咬破瘿花。然后，雄蜂悄悄地爬到雌蜂所在的瘿花里，把尾部插入洞内与雌蜂交尾，雌蜂受精以后便从瘿花内爬出，经过雄花区，它的身上就会沾满了雄花的花粉。交配后满腹怀卵的雌虫总是急切地寻找它的产卵场所。它们有翅膀，四处飞舞，寻找新花序，如果雌虫正好爬到一棵雄株薜荔的瘿花内，小蜂便会在这里生长发育继续繁衍后代；如果进入的是雌花序，雌蜂将充当植物信使，然后死在花序内。为什么呢？因为雌花序里所有的花都是长花柱的雌花，小蜂的产卵器无法达到子房。于是，它在到处寻找产卵场所的过程中，把身上的花粉全擦到了雌花的柱头上，完成了传粉。据统计，一只雌蜂可以为 300～400 朵花传粉。而“误入”雌花花序的雌蜂在出色地完成了传粉任务后，也耗尽了体力，满腹怀卵地死在花序内。它以生命为代价对植物的繁衍做出了巨大的奉献。

除了薜荔和薜荔榕小蜂之外，自然界还有许多昆虫与植物之间存在着共生的关系，除了我们常见的蝴蝶和蜂类之外，一些蛾类也是植物传粉的好手。有一种叫丝兰蛾的昆虫和它的寄主丝兰之间的关系也是一个极好的例子，丝兰一般晚间开放出香气四溢的花，以吸引丝兰蛾，丝兰蛾用啄管收集花粉。当雄蛾在夜间寻找雌蛾交尾，交尾后的雌蛾便爬上花药采集花粉，把花粉搓结成一大块，这块花粉可达到它的头部的 3 倍那么大。然后它便背负着这重物飞到另一朵花中去，产卵于子房室中，产完卵后它就爬到柱头上将背负的花粉球压上去，这种正确的动作是非常惊人的，好像它深知雌蕊的构造和将来子房的发育情形一样。丝兰的胚球因为得到了丝兰蛾的传粉而受精，而丝兰蛾

趣味点击　丝兰蛾

鳞翅目丝兰蛾科丝兰蛾属昆虫四种，每种均适应于一特定种的丝兰。成虫小，昼出，翅上密布细小的刺；于丝兰花开时出现。雌蛾从一朵花上采集花粉，将其滚成球形，再飞到另一朵花上，往子房内产 4～5 个卵，而将花粉团压入所形成的孔中。花谢后结成约 200 粒种子，其中有半数为幼虫所食。丝兰仅依靠丝兰蛾传粉，而丝兰蛾幼虫只食丝兰种子。

的幼虫也可以用丝兰的胚球为食料而存活。它们相互受益，共同完成了双方的种族繁衍。

基本小知识

子 房

子房是被子植物生长种子的器官，位于花的雌蕊下面，一般略为膨大。子房里面有胚珠，胚珠受精后可以发育为种子，是被子植物花中雌蕊的主要组成部分，子房由子房壁和胚珠组成。当传粉受精后，子房发育成果实。子房壁最后发育成果皮，包裹种子，有的种类形成果肉，如桃、苹果等。

在南美洲巴西的密林中，有一种高大的蚁栖树，却和动物相依为命。蚁栖树茎上有节，好像竹节一样，叶柄很长，叶片呈手掌形，全形看起来有点像蓖麻的叶子。巴西的森林中还有一种啮叶蚁，专门喜欢吃各种树木的叶子，但就是不吃蚁栖树的叶子，为什么呢？因为蚁栖树上有一种名叫益蚁的蚂蚁和它共栖。蚁栖树的茎是中间空的，茎的表面上有孔，像一根笛子似的，益蚁就在那中空的地方栖身。当啮叶蚁爬到蚁栖树上来吃叶子的时候，益蚁就倾巢而出，群起而攻之，啮叶蚁抵抗不过，只得逃之夭夭。因此，蚁栖树就能正常地生活，不怕啮叶蚁前来危害了。

更有趣的是，蚁栖树还会论功行赏，用营养丰富的东西来犒劳益蚁哩。原来，蚁栖树的叶柄基部有一丛毛，毛里生有富含蛋白质和脂肪的小蛋形物，益蚁常常就把这些小蛋搬走当食物吃，当这些小蛋搬走以后，不久又能生出新的来，因此益蚁就能长期依靠这种小蛋形物作为食品。益蚁既然不愁吃，也就乐得住在蚁栖树的茎中，一方面舒舒服服过日子，一方面又忠实地充当蚁栖树勇敢的卫士。

在美国加利福尼亚州的沙漠地区，科学家曾发现桶形仙人掌的顶端有一个花蜜“工厂”。带刺的蚂蚁就靠这些花蜜来维持生活；反过来，蚂蚁能在仙人掌自行脱落种子以前，保护这些种子，不让它们被虫子吃掉。

在热带森林中有一种名字叫作大花瓜子金的植物，茎杆上长有一种形态很像瓶子的叶子，专门招引蚂蚁前来住宿，蚂蚁进进出出活动时，往往就带来一些泥土，那些靠近瓶口茎上长出来的细根，会慢慢地伸入瓶里的土中，来吸取营养物质，从而得到好处。

生物界的这种现象，显示出了一些动物与植物在自然界非常复杂而细致的条件下过着和谐的生活，当植物的种子成熟时，动物的发育也获得了充足的营养，在“合则皆旺、分则皆亡”的法则中，植物与动物之间形成了长期相互共存的友好关系。

风为媒

植物的“媒人”很多，其中的一位是风。

风不但给高大的白桦树、杨树、松树、核桃树做媒，也给矮小的、柔弱的藜、车前草、水稻、玉米做媒。

靠风为媒的植物在形态上有共同的特点。它们的花小，花被不美观或者退化，没有芳香的气味，也没有蜜腺。但是它们都拥有大量的花，并产生惊人数量的粉状花粉。它们的花粉粒小而干燥，重量也极轻。有些植物，每一粒花粉上都具备一个气囊，这种气囊能借助风的力，飘游到各地。一株玉米可产生二千万到 5 千万粒花粉，各种香蒲的花粉更多，在印度竟拿香蒲的花粉来烤制面包和点心。松树的花粉也不少，每当风吹过松林，林间立即升起一阵阵黄烟，有如轻雾。1963 年，风曾把大量的红松花粉吹起，弥漫在东北小兴安岭五营林区的林海上空，结果造成了一场罕见的“黄雨”。

风能把那些体轻的花粉带到 2000 米以上的高空，也可以把它们带到几十千米、几百千米以外，甚至可以带它们跨海渡洋去寻找伴侣。

为了让风快些把它们的花粉带走，这些植物的形态上也起了许多变化。玉米、麦子在晴天时，花丝迅速生长，在几分钟之间就把花药露出小穗外，随即顶端开裂，以后这些花丝失去膨压，让花药吊在外面，风一经过这里，它们就不停地摇摆，大量的花粉就散发出来，随风漂泊。还有些树，它们先开花，后出叶，就是为了避免叶子挡住花粉的出路。木本植物、雄花植物的雄花都集成长形的柔荑花序，风一吹来，它们就摇动，把花粉散发出来。

由风做媒的植物的雌蕊形态也在变化，有的雌蕊为了捕捉风带来的花粉，竟长出了羽状的或者刷子样的柱头。有些柱头上还分泌黏液，花粉一碰就黏住不掉。禾本植物，比如玉米，它的柱头下面有长长的软软的丝，柱头明显地突出，这也是为了便于得到花粉。

春日里，空气中漂浮着大量的各式各样的花粉，常常引起人们的咳嗽，这些花粉大部分是无用的，早晚得死去，只有很少部分花粉才能幸运地到达同类植物的雌蕊那里。

有一种水生雌雄异株的苦草属植物，它的雄花脱离母株以后，好似一叶轻舟。风推动着它们，忽而东，忽而西，直遇到雌花，它那袒露的花药与雄蕊的柱头相接触，才结束那漂游的生涯。

不过，世界上 80% 的植物是靠虫来联姻的，以风为媒的植物还是居于少数。

神奇的“移花接木”

1667 年出版的英国皇家学会会报第二卷中载有下面的一段故事：在意大利佛罗伦萨，有一种橘树，它的果实一半是柠檬，一半是橘子。在这个“神奇”的报道之后，又接到另一英国人的报告，证实有这种奇怪的树。他说他不单看见过这种树，而且 1664 年在巴黎还买过这种树结的水果——这就是世界上发现这种结有双生果实的“奇树”的经过。

关于这种树，科学家争论了 250 年之久。到 1927 年，日本遗传学家田中亲自进行了研究。田中看见这树上的果实外表有一层凸瘤，在金色的果皮上，到处都有柠檬色的斑纹。果实外部是橘子组织。用刀子割开，里面却是灰白色的极酸的柠檬果肉。

这种“奇”树现在已经不奇了，现在各处都有嫁接的果树。

嫁接，就是“移花接木”。

把一种树上的枝条或芽，连接在另一个植物已经生根的幼苗上，被接的植物叫“接穗”，接上的植物叫作“砧木”。

如果接穗是稳定的，不易改变遗传的老品种的枝条或芽，那么砧木对它的影响就不大。如果嫁接的枝条或芽是最近育成的杂交品种，遗传性尚不稳定，那么砧木和接穗之间就会有相互影响，两个生命结合可能得到第三种生命。

因此，在成年的树冠上嫁接别的果树的接穗，就可以得到具有自己原来个性的果枝，将几个不同的品种作穗嫁接在一株树上，也就是几个不同种的接穗都以这株树作砧木，那么所有这些接穗都将保持自己的个性而结出自己特有的果实。果树园艺师，常常在很小的土地面积上收获很多不同品种的水果，一株树上结出数种果子。

可是将一个杂种接穗（遗传性尚不稳定），接到遗传性很强的树冠上，它受的影响就很大。在实践上，园艺工作者采用这种方法，大大地改良了杂种果实的风味。

为了增强嫁接两方的影响，可以采取一些措施。如将接穗的叶子全去掉，只留下生长点，相反地在另一方（砧木）去掉它的生长点而只留叶子，那么接穗上的新生的枝条只能从砧木上得到自己发育所必需的物质。这物质是由砧木的叶子制造的，砧木供给接穗的不仅仅是营养物质，还供给特殊的物质如酶、生长素、维生素等。这时砧木对接穗的影响极大，如果用这种方法将白马铃薯的匍匐茎嫁接在红马铃薯上，在白马铃薯的匍匐茎上就结红马铃薯，这匍匐茎获得了形成大量色素的能力，而这种色素在嫁接之前根本就不能形成。用这种办法常常得到中间型的植株。

基本小知识

匍匐茎

铺草坪的结缕草以及人们通常栽培的草莓、红薯，它们向四面八方蔓延的茎叫匍匐茎。有趣的是，这些茎上面生着节，节上又会生根长芽，通过这种方式可以使这些植物繁殖出许多后代。

草本植物也可以嫁接，如番茄嫁接在马铃薯茎上，甜瓜嫁接在南瓜上，都有很成功的例子。

最成功的例子，要算温州无核蜜柑的嫁接，说起这个故事，已有500年的历史了。在古代，相传有个名叫“智慧”的日本和尚，到我国浙江天台山进香，见浙江地方的柑子籽少，味道好，便带了一些回日本，将籽播在鹿儿岛长岛村。小树结果了，无意中发现有一棵树的果子没有籽。日本和尚采用了嫁接方式繁殖，得到了一棵“得天独厚”的柑树，这也许就是最早的“移花接木”吧。

靠鸟传粉的植物

种子植物的传粉方式，大致可分为两大类：即使靠昆虫传粉的叫虫媒花，靠风传粉的叫风媒花。还有一些植物是靠鸟类传粉的，我们可以称它为鸟媒花。

在中南美洲的热带亚热带森林里，有300多种蜂鸟科的鸟类。它们多数体型很小，最小的和黄蜂差不多。蜂鸟的嘴细长如管状，舌能自由伸缩，以植物的花粉，花蜜为食料，它们在吃花粉和花蜜的活动中，同时不自觉地充当了这些植物的传粉媒介。很多植物都靠鸟类传粉，它们和鸟类互相帮助，共同繁荣。

鸟媒植物有适应于鸟类传粉的特性，典型的鸟媒植物的花具有几个特点：1. 花冠较坚实，能经受一定程度的碰撞，因为一般来说，鸟类的体力比昆虫强大得多，当它们前来吃花粉花蜜时，难免会碰撞花朵；2. 花瓣合生或合拢成管状，通常为两唇形，花瓣管的长度及其开口的形状与传粉鸟的嘴和头部的形状大小相吻合，便于鸟类携带花粉；3. 花蜜的分泌量大，清香四溢，有利于吸引鸟类前来拜访；4. 花药位置固定，碰撞时容易散出花粉；5. 花的着生位置很明显，颜色往往是最能吸引鸟类的红色或橙黄色；6. 花期较长，白天开放。此外，鸟媒花的雌蕊的子房多下位，使形成种子的胚珠保护较好，不易被鸟类损坏。一般都认为，子房下位和雄蕊互相连合等形态特征，是许多植物的花对传粉昆虫和鸟类的防护性适应。

没有母亲的植物

在多数人的观念里，植物也是有双亲的。在受精过程中卵核与精子结合，产生种子，由种子再长成植株。所以一个植株的体细胞中都包括有父母双方的两套遗传物质，也就是有两套染色体（双倍体）。

但事情不是绝对的，自然界中也有有父无母的植物。一粒花粉长成的植株就是没有母亲的孩子。有人拿“公鸡下蛋”来打比方说花粉长成植株是雄性生殖细胞自己繁殖下代，这样长成的植株体内就没有母亲的遗传物质。

在天然情况下，经过受精而产生的植物有两套染色体，而少数花粉不经受精而自己生殖下代，这种下一代的植物体内的细胞只有一套染色体。植物学上对这两种植物都有专门的叫法，有两套染色体的植物叫双倍体植物，只有一套染色体的植物叫单倍体植物。

你知道吗

染色体

染色体是细胞内具有遗传性质的物体，易被碱性染料染成深色，所以叫染色体（染色质）；其本质是脱氧核甘酸，是细胞核内由核蛋白组成、能用碱性染料染色、有结构的线状体，是遗传物质基因的载体。

单倍体植物，在自然界很少

见，多数单倍体植物是靠人工培养而成的。

1964 年，有人将曼陀罗的花粉取下来，在特殊条件下培养，就长成一棵幼苗。这一事实说明，在离体条件下，花粉能够改变原来的发育途径，不再变成精子，而形成了一团团的细胞团块——愈伤组织，再形成胚状体（种子发育成幼苗的中间形态之一），然后长成一棵植株，这一成功足以说明，不仅植物的种子和器官具有繁殖能力，植物的细胞同样也有传宗接代的本领。这种方法叫作花粉育种法。

一粒花粉能够变成一棵植物，可不像种子长出幼苗那么容易，必须给予合适的条件，促使花粉改变原来的发育途径，向有利于长成植株的方向转化。广泛采用的方法是培养花药，让贮存在花药里的花粉发育成植株。在无菌条件下取出花药，接种到培养基上，给予适当的光照，在 25℃ ~30℃下培养，几天后花粉就开始进行细胞分裂。有的植物如烟草等的花粉经过类似胚胎的发育过程形成胚状体，直接长成植株。而多数植物如水稻、大麦等花粉粒不断分裂增殖，形成了愈伤组织。愈伤组织是一团团的细胞团块，需要把它们转移到一定的培养基上，才能分化出根和芽，再生长成一棵植株。

你知道吗

生长素

生长素是一类含有一个不饱和芳香族环和一个乙酸侧链的内源激素，国际通用是吲哚乙酸。4－氯－IAA、5－羟－IAA、萘乙酸（NAA）等为类生长素。1872 年波兰园艺学家谢连斯基对根尖控制根伸长区生长做了研究；后来达尔文父子对草的胚芽鞘向光性进行了研究。1928 年温特证实了胚芽的尖端确实产生了某种物质，能够控制胚芽生长。1934 年，凯格等人从一些植物中分离出了这种物质并命名为吲哚乙酸，因而习惯上把吲哚乙酸作为生长素的同义词。

花粉能不能长成植物，关键在于花粉的年龄（一般要选用“单核中晚期”）。

在花粉长成小苗的过程中，营养条件是最主要的，这个营养条件叫作培养基。常用的培养基一般要含有作物生长所需要的无机盐和维生素、蔗糖等。不同植物对培养基的要求也不一样，比如烟草花粉培养基中，可以不加激素，可是其他植物往往需要加生长素、细胞分裂素等。

广角镜

染色体

染色体是细胞内具有遗传性质的物体，易被碱性染料染成深色，所以叫染色体(染色质)；其本质是脱氧核甘酸，是细胞核内由核蛋白组成、能用碱性染料染色、有结构的线状体，是遗传物质基因的载体。

因为由花粉长出的小苗都是单倍体中的，它们的染色体不能配对，所以不能产生种子，在育种上没有价值，必须使它的染色体加大一倍才能结实。在自然界中仅仅有少数单倍体植物能自然地加倍，大多数还要用人工方法进行染色体加倍处理。常用的方法是用稀的植物刺激素如秋水仙碱来处理小苗的根或芽，使整个植物变成双倍体植株。也可以将小苗的根、茎、叶的某一部分切下来培养，自然地加大一倍染色体，得到能结实的双倍体植物。

花粉育种又叫单倍体育种。采用这种方法育种，有许多优点，一般杂交育种培育一个新品种要七八年时间，甚至更长的时间，而花粉培育出的植株，不要经过几代的选育就可能获得一个稳定的品系，只需三四年，从而加快育种速度，简化选育手续，节省了大量的人力、物力和土地，产量比较高，一般可比其他品种增产两成左右。这是育种工作中的一大革新，所以它受到了世界各国的注意，各国也都在加紧进行花粉育种的研究工作。

转基因植物

基因工程技术使微生物、动物、植物之间的基因转移成为现实，原来难以实现的远缘杂交成为可能。于是，形形色色的转基因植物出现了。

2000 年 11 月，日本宣布用转基因水稻生产免疫球蛋白获得成功。这项成果是日本东京理科大学科学家千叶丈完成的，他成功地用转基因水稻生产出预防乙肝病毒的球蛋白，这有可能为用廉价而安全的手段生产预防肝炎药物提供新思路。

乙型肝炎在一些国家已成为一种常见病。迄今为止，有效地预防这种疾病的免疫球蛋白是使用受过感染的人的血液精制而成的，价格昂贵。千叶丈教授把抑制乙型肝炎病毒的抗体基因植入水稻细胞中去，加以栽培后，成功地从其叶子中提取出了这种抗体，在试管中进行的实验结果表明，这种抗体会对病毒产生抑制作用。

拓展阅读

球蛋白

球蛋白能被50%饱和度硫酸铵溶液沉淀的单纯蛋白质，不溶于纯水，易溶于稀盐水，加热即沉淀或凝固，存在于所有动植物细胞和体液中。最熟知的球蛋白是人血清球蛋白，此外还有乳球蛋白、肌球蛋白等。植物种子中的蛋白质多属此类。球蛋白一般不溶于水，但加少量盐、酸或碱后可以溶解。

据这位学者计算，用这种方法，每 1000 平方米的转基因水稻可制取 10 克球蛋白，足够数万名新生儿注射用。

2000 年 12 月，日本宣布培育出含母乳成分的番茄。这项成果是由日本农林水产省生物资源研究所等单位取得的。他们开发出一种基因重组番茄，该番茄能生产母乳中所含的多功能蛋白质——乳铁蛋白。

乳铁蛋白具有提高免疫机能和防止感染的作用，并具有增加铁质的功效。日本农林水产省生物资源研究所等单位将人的乳腺中产生乳铁蛋白的基因组导入了番茄品种“秋玉”之中。实践表明，番茄“秋玉”的果实、叶、根等部分能生成乳铁蛋白。在其果实中，每 100 克重量可生成 2.5 ~ 3.3 毫克的乳铁蛋白。

转基因植物技术及其产品是当今世界农业生物技术研究与产业化开发的

重点和热点，也是我国农业科技革命的核心内容之一，对我国农业科技手段的更新换代以及农业产业结构的调整具有重要的战略意义。

至 2004 年，国际上获得转基因植株的植物已有 35 个科 120 多种。包括水稻、玉米、马铃薯、甘薯等粮食作物；棉花、大豆、油菜、亚麻、向日葵等经济作物，番茄、黄瓜、芥菜、甘蓝、花椰菜、胡萝卜、茄子、生菜、芹菜等蔬菜作物，苜蓿、白三叶草等牧草；苹果、核桃、李子、木瓜、甜瓜、草莓、香蕉等瓜果，矮牵牛、菊花、香石竹等花卉。据统计，到目前为止，全球转基因农作物主要集中在八大类作物上，它们是大豆、玉米、棉花、油菜、马铃薯、南瓜、西葫芦和木瓜。

◎转基因抗虫棉

我国培育的转基因抗虫棉具有世界先进水平，于 2001 年获中国专利金奖。抗虫棉核心专利技术是我国为数不多的具有自主知识产权的农业高新技术，目前全世界仅有美国和中国拥有此项技术。专利权所有单位中国农业科学院生物技术研究所已于 1998 年将该专利的独占实施权转让给深圳的农业高科技公司——创世纪转基因技术有限公司，并由该公司全面负责转基因抗虫棉项目的产业化工作，专利第一发明人郭三堆教授出任创世纪公司的总经理。在各级政府的大力支持和企业的积极推动下，转基因抗虫棉推广面积已经由 1998 年的 1 万公顷猛增到 2001 年的 60 万公顷，累计产生经济效益已超过 20 亿元，并且大幅度减少农药的使用，有效地保护了生态环境。2001 年，抗虫棉项目被国家计委立项为高技术产业示范工程，并授予铜牌；在 2001 年的第三届高交会上，创世纪公司与印度联合开发转基因抗虫棉的协议签约仪式成为引人注目的亮点，转基因抗虫棉技术走出国门。

2002 年，中国农科院棉花研究所培育的双价转基因抗虫棉——中棉所 41 试种成功。这是我国第一个通过国家审定的双价（同时携带两个转移的基因）转基因抗虫棉，也是国家“863”重大科技成果，它的问世标志着我国抗虫棉育种达到世界先进水平。

双价转基因抗虫棉“中棉所41”同时携带两个杀虫基因，可同时产生两种不同性质的杀虫蛋白，分别对棉铃虫起到毒杀作用。两种不同性质的杀虫蛋白就像两种不同性状的“农药”混配，使棉铃虫难以产生相应抗性，因此双价转基因抗虫棉的杀虫性更加稳定。中国农科院棉花研究所实验种植数据显示，双价转基因抗虫棉不仅具有抗虫、抗病、抗旱等优势，而且产量也明显高于单价的转基因抗虫棉。

◎抗虫转基因水稻

我国科学工作者经过辛勤工作，率先采用优质高产的杂交稻作为研究材料，成功地于2002年培育出抗虫转基因水稻，并将这种抗虫转基因水稻种植面积扩大到16公顷。

数十块3米见方的稻田纵横交织，不施农药的抗虫转基因水稻生机勃勃，穗压青苗，紧挨的非转基因水稻则早已被稻纵卷叶螟和大螟等害虫侵蚀，枯萎凋零，从这里我们不难领略到高科技的神奇。

“规模化转基因水稻育种体系的建立”科研项目2002年通过了现场验收和评审。专家一致认为，这项研究为我国转基因水稻产业化奠定了良好的基础，是我国继抗虫棉研究取得重大成果后，转基因植物研究的又一重大突破，整体研究达国际先进水平。

◎转基因耐盐碱植物

我国科学家应用基因工程方法，培育成功转基因耐盐碱植物。盐碱土是地球陆地上分布广泛的一种土壤类型，约占陆地总面积的25%。仅我国盐碱地的面积就有3300多万公顷。在山东省的黄河三角洲地带，每年新增加的盐碱地达6000多公顷。专家认为，转基因耐盐碱植物对于我国这样一个耕地资源日趋减少的人口大国而言，具有十分广阔的应用前景，可以把经济效益、环境保护和可持续发展很好地结合起来。

1999年，我国科学家张慧培养成功转基因拟南芥，能够在用一半海水浇灌的条件下完成生长发育，是耐盐性很强的植物。盐地碱蓬是我国盐碱地上一种普通的藜科植物。它能耐3%的盐度，可以在海水中生长。在盐碱地上可长到1米高，在海滩上，高度可达30厘米。研究人员将这一基因转移到拟南芥上做了对比试验：在二分之一海水浇灌条件下，拟南芥能完成生活史；在盆栽条件下，15天不浇水，复水后仍能恢复生长并结实。而对照株均死亡。在所有已知公开发表的资料中，他们培育的转基因植物耐盐性是最强的。

2002年，赵彦修、张慧两位科学家从碱蓬草中成功克隆出一个耐盐的关键基因。这种国际上首次从盐生植物中克隆出的耐盐基因，具有十分重大的经济价值，是赵彦修、张慧两位教授在测定了1755个碱蓬草基因的序列后才发现的。由这种耐盐基因决定的一种有运输功能的蛋白，能使植物免受盐害，所有农作物因为都不具备这种类似的机制，因而不耐盐。这一耐盐关键基因，已导入多种植物。在山东师范大学生物科学院实验室，已培育出的耐盐转基因植物有番茄、大豆、水稻、速生杨4种，在上千个培养基内长势良好。这些转基因耐盐园林植物和农作物，可使我国的大量盐碱地变成良田，开辟新的粮仓。

◎转基因抗乙肝西红柿

国家“863高科技计划”中的转基因西红柿乙肝口服疫苗试验已在北京中国科学院生物技术研究所取得成功。

抗乙肝西红柿，虽然不能治愈乙肝，但一年只吃几个抗乙肝西红柿，就完全能代替注射乙肝疫苗。抗乙肝西红柿属于转基因食品，就是将乙肝疫苗植入西红柿内，经过多代繁殖，使转入的基因稳定化。这种西红柿培育历时十年，先是在实验室生长，等各种安全因素达标后，才移至户外，进行封闭种植。

用孢子繁殖的植物

世界上的植物，大体上可分为两大类：一类叫作种子植物。种子植物是开花植物，在植物学上叫显花植物，它们能够结种子，是用种子来进行繁殖的；另一类叫孢子植物是不开花的植物，也叫隐花植物，它们不能开花结子，而用一种名叫孢子的小细胞来繁殖后代。孢子植物包括藻菌植物、苔藓植物和蕨类植物三大门，占整个植物界的四分之三（另一门是种子植物门）。

藻菌植物中的藻类植物，由于颜色不同，分绿藻、褐藻、红藻、金藻、蓝藻……形形色色，五彩缤纷。

衣藻是绿藻中的单细胞植物，生殖时先把那两根鞭毛脱掉，然后细胞质、细胞核等部分都陆续分裂成两份。这样，原来的细胞里就有了两个小细胞，成为两个孢子。孢子很快地生出鞭毛，当原来的细胞壁破裂的时候，就从细胞里放散出来，各自形成一个独立生活的衣藻。这样的生殖方式，叫作孢子生殖。

丝状的绿藻中多细胞的水绵，其生殖方式就比较复杂了。它有两种生殖方式：一种方式是，水绵的每个细胞都能进行分裂和生长，因而每条水绵能够不断地伸长、折断，形成多条水绵，这样的生殖方式叫作折断生殖；另一种方式是，两条丝状体的细胞互相接合，形成外面包着厚壁的接合子，沉入水底，经休眠后萌发成为新个体，这样的生殖方式叫接合生殖。

褐藻中的海带，在成熟的带状叶片上，凸起许多泡泡，这叫作孢子囊，囊中能放散出肉眼看不见的游孢子。游孢子有两根鞭毛，能自由活动，在大海里一旦碰上岩石、竹板等物体，便附着在上面萌发，生长发育成配子体。配子体有雌雄之别，雌的产生卵子，雄的产生精子。精卵结合之后，便慢慢发育成海带幼苗。

菌类植物中的细菌是自然界中最微小最简单的植物，它们都用分裂法来进行繁殖。在适宜的条件下，一个细菌经 20—30 分钟能分裂一次，三天就可以把全世界的海填满。但因环境的限制，这样的繁殖速度是不可能实现的，所以我们不要害怕。

真菌中的酵母菌，在环境适宜的时候，细胞向外生出突起，成为细胞上的芽，长大后跟母体脱离，成为一个新个体，这种方式叫出芽生殖。环境不适宜的时候，一个酵母菌的细胞里会产生几个孢子，细胞壁破裂以后，孢子放散出来，发育成新个体。

苔藓植物中的葫芦藓是雌雄同株植物。雌性生殖器官像个长颈的瓶子，里面产生一个球形的不能运动的卵细胞，所以叫颈卵器；雄性生殖器官里能够产生许多精子，所以叫精子器。每个精子有两根鞭毛，能在水里游动，受精作用必须在有水的环境里才能完成。受精卵发育成一个具有长柄的孢精，里面生有很多像灰尘那样细小的孢子，散出后萌发成分枝状原丝体，在原丝体上生出一些芽，然后发育成新的葫芦藓。

蕨类植物中的蕨，到了夏天，在叶背边缘长出一条褐色的孢子囊，里面产生很多孢子，成熟后就散布出去。孢子先发育成绿色的丝状体，以后形成原叶体，贴在地面上。原叶体是雌雄同体的，当下面浸着水的时候，成熟的精子便从精子器里出来，在水里游动，钻进颈卵器，跟那里的卵细胞结合受精，形成合子，以后发育成为幼蕨。

藻类、菌类、苔藓、蕨类等都是用孢子繁殖的，所以它们都在孢子植物之列。

能“怀胎生子”的海岸卫士红树林

植物是有生命的，也是有思维的。植物妈妈们为了能够延续自己的后代，想尽了办法，红树林就是其中的典型。

所谓的红树林是指由红树科的植物组成，组成的物种包括草本、藤本红树。它生长于陆地与海洋交界带的滩涂浅滩，是陆地向海洋过度的特殊生态系。调查研究表明，红树林是至今世界上少数几个物种最多样化的生态系之一，生物资源量非常丰富，如广西山口红树林区就有111种大型底栖动物、104种鸟类、133种昆虫。广西红树林区还有159种藻类，其中4种为我国新纪录。这是因为红树以凋落物的方式，通过食物链转换，为海洋动物提供良好的生长发育环境，同时，由于红树林区内潮沟发达，吸引深水区的动物来到红树林区内觅食栖息，生长繁殖。由于红树林生长于亚热带和温带，并拥有丰富的鸟类食物资源，所以红树林区是候鸟的越冬场和迁徙中转站，更是各种海鸟的觅食、栖息和繁殖的场所。

为了适应这一状况，红树出了一个奇招：像动物一般，怀胎生子！依靠“胎生”的种子来繁殖后代，这是红树适应海滩生活的一大本领。在陆地生活的种子植物，环境比较安定，成熟的种子落在地上，经过一定时间休眠之后，可以生根发芽，长成新的植物。而身居海滩的红树植物，如果种子成熟之后，马上脱落，坠入海中，就会被无情的海浪冲走，得不到繁殖后代的机会，就有绝种的危险。因此，它们的种子成熟之后，不经休眠，直接在树上的果实里发芽。在红树的枝条上，常常可以看到一条条绿色的小“木棒”悬挂着，犹如丰产的四季豆垂挂藤架，十分有趣。这就是它的绿色“胎儿”，长度一般在20厘米以上，下端粗大些。这些绿色“胎儿”就从母树体内吸取营养。当幼苗长到30厘米高时，在重力的作用下，从母树上掉下来，扎进土里，并立即生根，在几小时内就长成一颗小红树。

从母树上跳下的幼小“胎儿”，或因重力关系插入淤泥中定植生长，或逢涨潮之际，便马上被海水冲击，随波逐流，漂向别处，但是，它们不会被淹死，因为绿色“胎儿”体内含有空气，可以长期在海上漂浮，不失去生命力，有的甚至能在海上旅行两三个月之久。一旦海水退去，它们就很快扎根于海滩，向上生长，长成小红树，那些被送往海中沙洲的绿色“胎儿”，可以在那里定居下来，成为开发沙洲的“勇士”，把沙洲打扮成一个个碧绿的小树岛。红树植物借着特殊“胎生”方式，使它们的子孙后代遍布热带海疆。

红树的名字很贴切，因为树皮和木材中多合鞣质，呈红色，可做红色染料。构成红树林的植物，主要是红树种的4种植物，有红树、秋茄树、红茄苳和木榄。我国沿海地区的红树林，除红树科植物以外，还有其他科的约18种树木。

终年积水的海滩，土中空气不足，根部很难获得充足的氧气，另外，海水含盐量高，植物的根很难吸收利用。再有，由于光照强烈，叶子的蒸发量很大。这样的环境，对于一般植物来说是无法生活的，而红树植物在跟大自然长期斗争中，却获得了一套适应海滩生活的本领，它们不但生存了下来，而且生活得很好，形成了热带海岸上一道坚不可摧的绿色长城。

红树都在春、秋两季开花结果，它们的果实结得很多，一年之内，一棵成年红树，可以结出300多个果实，也就是可以繁殖300多个后代。

红树植物常年生活在涨潮落潮的海滩上，根于基部长出了许多密集的支持根，它们逐渐下伸，最后扎入泥中，形成一个抗御风浪的稳固支架。它们纵横交错织成网状，高度过人。支持根的出现，也是对海岸风浪生活的一种适应。

红树林的支柱根不仅支持着植物本身，也保护了海岸免受风浪的侵蚀，因此红树林又被称为“海岸卫士”。1958年8月23日，福建厦门曾遭受一次历史上罕见的强台风袭击，12级台风由正面向厦门沿海登陆，随之产生的强大而凶猛的风暴潮，几乎吞没了整个沿海地区，人民生命财产损失惨重。但在离厦门不远的龙海市角尾乡海滩上，因生长着高大茂密的红树林，结果该地区的堤岸安然无恙，农田村舍损失甚微。1986年广西沿海发生了近百年未遇的特大风暴潮，合浦县398千米长海堤被海浪冲垮294千米，但凡是堤外分布有红树林的地方，海堤就不易冲垮，经济损失就小。

在土壤通气不良的条件下，红树植物还长出了许许多多突出地面的呼吸根，有指状、蛇状、匍匐状、竹笋状等等。例如海桑树的呼吸根就长成竹笋状，它们不但能吸收空气中的氧气，而且还能吸收大气中的水汽。

红树植物的呼吸根长期浸泡在海水中，怎么不会被海水中的盐水渍死呢？

原来在红树植物的呼吸根内部还有许多特殊的腺体，它们具有很强的渗透能力，能在水中吸收需要的水分，同时，它们又能排出多余的盐分，所以，这些呼吸根不至于被海水中的盐分渍死。

红树的叶子也具有适应海滩生活的能力。它们的表面有一层很厚的表皮，可以防止水分大量蒸腾，以适应退潮时土壤中水分的缺乏。

红树植物正因为具备了这些特殊构造和独特的适应能力，才使它们傲然屹立在祖国的热带海岸上。

红树林在生产上也值得重视，很多植物的根和树皮可以提取单宁。有的也可做材用、药用。此外，红树还可护堤、防风、防浪，保护沿海农田不受海潮或大风的袭击。所以，在海岸泥滩，还经常用红树进行人工造林。我国浙江南部的永加到平阳一带的海岸，就有人工繁殖的红树林。

红树植物不但是坚强的海岸卫士，而且还是有名的造陆先锋。我国南疆海滩的一片片红树林，组成了一道道坚不可摧的铜墙铁壁，它们那盘根错节的根子挡住了从陆地上被雨水冲刷下来的泥土和大量碎物，加速了海滩淤泥的沉积，并且能够让其他植物在上面生长，一片片新的陆地就随之诞生了。

红树植物除了生长在我国南方几省沿海以外，它们还大量分布在东南亚、大洋洲、非洲和美洲等热带地区。

植物中的“胎生”现象，除了常见于红树植物以外，也见于佛手和胎生早熟禾。

佛手瓜是生长在墨西哥、中美洲和印度群岛干湿季节交替明显地区的一种植物。旱季到来，佛手瓜的藤蔓枯萎，枯藤上还挂着瓜果。这时，果实里的种子悄悄地吸收着果实内部的汁液，慢慢地萌生了新芽，长成一棵幼苗。这些藏在果实中的幼苗，一旦遇到降雨，就立即生根于土中，并且迅速成长。在旱季到来之前，它们已经完成了传宗接代的任务。

胎生早熟禾是一种一年生的草本植物，我国陕西、甘肃、青海、四川等省均有分布，它们多生长在高山的山坡上，每年 8 月开花结果，果实成熟以后，就在母株上发芽，长成幼苗。

无心插柳柳成荫

柳树有很强的生命力。人们只要折一根柳枝插在土里，便能生根、发芽、长出新柳。“无心插柳柳成荫”就是形容柳树不择水土，生长速度快的一句佳句。

从植物切下枝条，并给以适当的温度和湿度，它就可能在基部生根，并长成新植物。这种枝条称为插枝，插枝的切面往往覆盖着疏松的组织，形成相当大的愈伤组织。花木、果树，大多数是依靠这种插枝的方法进行繁殖的。

用插枝繁殖的方法来繁殖植物，好处很多，特别是木本植物，从远古起，在栽培上就广泛地采用这种方法了。

但是有许多植物，插枝很难生根，或者根本不生根。插枝不容易生根的一个重要原因，是枝条中缺少生根所必需的营养物质。因为形成根的时候在根内进行着强烈的呼吸，要消耗掉大量的碳水化合物。为什么一般都在早春切断枝条进行插栽呢？因为这时插枝容易生根，头年秋天积在枝条里的营养物质到这个时候尚未耗尽。

柳枝所以能生根发芽，是因为在柳枝里的形成层与髓茎之间，有许多具有很强分裂能力的细胞群。这些细胞群能迅速分裂繁殖，形成根的“原始体”，它们就会逐渐发育，变成新根。

带有叶子的绿色枝条也能很好地生根。初夏切下的枝条，它们的顶端比较容易发生新的根。

绿色的枝条上存在着叶子，这有利也有弊。有利的是，在叶子中制造出特殊的生长刺激素——生长素，促进生长点和根生长。切下的带叶枝条，生长素堆积在切面一端，促进了愈伤组织的形成，然后形成不定根；不利的是，叶子存在，要蒸发掉枝条的一部分水分，这会引起危害：在生根之前，枝条就干燥了。因此，要在温室中插枝，温室中要充满饱和的潮湿空气，提高插枝的成活率。

生长素对提高插枝的成活率影响很大。为了使插枝能够快些成长，人们也常用植物生长刺激剂。最常用的是 B－吲哚乙酸，100 多万根插枝，用 1 千克左右的这种植物生长刺激剂配成的稀溶液就满足了。

我国林业工人曾把松树苗的根部浸上浓度为十万分之一到百万分之一的 B－吲哚乙酸溶液中 24 小时，然后移植，成活率为 84%，未用的松苗成活率仅为 65%。现在，人们广泛使用植物生长刺激剂促进桑树、樱桃、李子、葡萄等作物的插枝生根发芽。在城市街道上，移植 40 多岁的老树，用植物生长刺激剂，全部都能成活，并且大大缩短了新根发出的时间，新根的数目也多了3～10 倍。